世界与自我

不如去看一棵树

26棵平凡之树的非凡故事

[德]安德烈斯·哈泽 —— 著

[德]帕斯卡利斯·道格里斯 —— 插图

张嘉楠 龚楚麒 —— 译

北京联合出版公司
Beijing United Publishing Co.,Ltd.

目 录

夏橡

———

P. 67

欧洲红豆杉

———

P.57

野生楸树（野果花楸）

———

P. 77

欧洲白蜡树

———

P. 87

欧洲云杉

———

P. 99

欧洲鹅耳枥

———

P. 107

西洋接骨木

——

P. 123

欧榛

——

P. 115

欧洲赤松

——

P. 133

欧洲落叶松

——

P. 143

小叶椴

——

P. 151

黑杨

——

P. 161

欧洲七叶树

P. 179

洋槐（刺槐）

P. 171

山梨树（欧亚花楸）

P. 187

银冷杉

P. 195

欧刺柏

P. 203

柳树

P. 219

普通胡桃

P. 211

我眼中的树木是对世界和生命最真实的写照。

我可以每天站在树前沉思，

思考关于树的问题……

——克里斯蒂安·摩根斯坦

前　言

全德国有将近 1/3 的国土被森林覆盖，其中，黑森州和莱茵兰－普法尔茨州的森林覆盖率都达到了 42%，是德国森林覆盖率最高的两大联邦州。奥地利的森林覆盖率达到了 48%，远超德国；而瑞士的森林覆盖率则相对要低一些——略高于 29%。

2016 年有学者指出，人们在以往的林木清点工作中出现了严重的失误。事实上，全世界现存的树木总量为之前预估数量的 8 倍，总数已经超过了 3 万亿棵。如果按照全球 70 多亿的人口总数计算，就算我们每人平均分 400 棵也分不完。

2017 年春，科学家们又有了新的结论，这是人类有史以来第一次确切地查明地球上树木种类的总数：共计 60065 种。当然，没有人可以就这个数字打包票，确保它会一成不变。一方面是因为人们以每年 2000 种左右的速度不断发现新的植物种类（其中包括许多全新的树种）；另一方面则是因为我们的树木名册里包含了很多濒危物种，它们在我们这颗围绕太阳旋转，如微尘般敏感、脆弱的行星上奄奄一另有一些人为我们开辟了全然不同的思路，这些敢于想前人之所未想的远见者让我们鼓起了勇气。康拉德·安博便是这样一位远见者，他在《树影上檐绿，城中遍青青》一书中描绘了一幅未来的城市图景，告诉我们未来的城市绿化可以达到多高的水平。此外，安博还将读者带回4000多年前的古埃及。古埃及的医师们曾开辟园圃，用于培植药草，救死扶伤。

息。其中，濒危程度最高的要数生长在坦桑尼亚偏远一隅的一种名叫 *Holmskioldia gigas*[1] 的树，目前只有 6 棵 *Holmskioldia gigas* 侥幸从人类的刀斧下幸存下来。与此同时，人们开始收集它们的种子，并着手在非洲植物园内培育其树苗，以防该树种灭绝。

全世界的树木种类繁多，相较之下，德国本土的树种数量却少得惊人——总数为 50 ~ 90 种。如果从百分比来看，我们就会发现，在林木如此繁盛的德国，其树木品种仅占现今全球树种总数的 0.1%。之所以会这样，我们需要追溯到 12000 年前：那时，包括今天石勒苏益格－荷尔斯泰因在内的整个北欧都被坚硬的寒冰所覆盖，雄伟的冰川从南部的阿尔卑斯山区一直延伸到平原地带，冰壳甚至将触手探入了勃兰登堡地区。在两大冰层之间的狭窄带状区域，一片苔原欣欣向荣——寒冷的气候几乎令所有生长于此的树木灭绝，只有个别树种因生长在较为温暖的地中海地区才幸存下来。经过难以想象的漫长岁月后，冰层逐渐消退，一些树种"壮起胆子"重返祖先们的家园。即便在今天，阿尔卑斯山脉仍是难以逾越的天险，常令人在无奈之下选择绕行。树木的"迁徙"自然也要耗费相当长的时间，因为它们需要风或鸟类帮忙传播种子，在这之后才能真正地迈出后代迁徙的步伐。在人类短暂的一生中，几乎很难对这样的迁徙进程有所察觉，因为树的一生极其漫长，而我们只不过是世界历

---

1. 属唇形科，树冠稍狭，形似柚木，树皮呈棕褐色。——译者注（如无特殊说明，以下注释均为译者所加。）

史盛大筵席上的一粒面包屑而已。

我们总是能听到各种有关物种灭绝、自然危机的噩耗，越来越多的森林被人类驱动的机器——这些机器看起来与开赴战场的武器无异——开垦成农田。正当一些人希望用难以逾越的高墙将人与人隔离开时，在非洲却有11个国家在静悄悄地植树造林，人们希望用一片横跨非洲大陆东西的森林带将萨赫勒地区[1]一点一点地重新改造成适宜人类耕种的土地。而其他一些工程则让尼日利亚大草原涌现出茂密的森林，让印度向种植20亿株林木的目标前进，也让中国将建设绿色的百万人口大都市的规划纳入蓝图。没有什么能遏制人类对绿色的渴望，这或许与我们的历史相关——没有树木的人类史是难以想象的。

自古以来，人类的命运就与树木紧密相连，树木一直与人类的发展史相伴——它们友善、仁慈，为人类提供了庇护。树木是非常古老的物种，它们见证了数亿年的漫长岁月——在上次冰期降临中欧之前，大片密密丛丛、盘根错节的原始丛林就覆盖了这片土地。相比这段悠长的岁月，人类从直立行走到成为万物主宰的这段历史，不过是眨眼的一瞬。人类的出现不过是大自然兴之所至，偶然为之。作为"达尔文进化树"顶端的物种，若是没有树木的帮助，我们或许早已湮灭于历史的长河之中。树木养育了我们，为我们提供甜美的果实，以及营养丰富的根、茎、花、叶。如果没有树木，人类就不会有工具，更不必妄言房屋、篱笆、桥梁、汽车、书本、电脑了。若是没有树木，我们或许连火都不会有。是树木保护了人类，让我们得以抵抗自然界中难以预测的风霜冷暖、洪涝灾害。平心而论，没有树木就没有人类文

---

1. 非洲南部撒哈拉沙漠和中部苏丹草原地区之间一条超过3800千米长的地带。随着气候变化和人类活动的增加，这里的土地大面积沙漠化，可耕地越来越少，饥饿、战乱等问题丛生，这里已经成为世界上最为贫瘠的不毛之地。

明，树木就像空气般不可或缺。

树木与人类结缘已久，无论是哪片大陆、哪种文明、哪个民族，都与树木密不可分。几乎所有文化中的人类起源都与树木相关——无论生死去来、建功立业，树木都贯穿了整个人类史。树在无数礼仪教规中扮演着重要角色，树是宇宙的象征，树生众神，有的英雄由树所化成，也有豪杰化身为树木。古典神话里如此，近代文学中亦然。从奥维德的《费莱蒙和鲍西丝》[1]到赫尔曼·黑塞的《皮克多变形记》，所有故事都是围绕世界树展开的——这棵树是宇宙的中轴（axis mundi），万物绕其旋转，树干上萌生无数宇宙，枝丫上绽放无量银河，无数世界犹如恒河之沙，于世界树梢头生长，其内更有无穷众生。万事万物都与世界树相连，也通过后者连通大千世界。无论是在高度发达的人类文明中，还是在充满迷信崇拜的部落氏族社会里，世界树的形象无处不在。日耳曼人称它为"伊格德拉修"（Yggdrasil）[2]，更早些时候的波斯人则将其称作"古卡恩"（Gaokarana）[3]，苏美尔人有"胡路普"（Huluppu）[4]，巴比伦人有"基斯卡努"（Kiskanu）[5]，中国人有"建木"

---

1. 费莱蒙和鲍西丝是在古罗马诗人奥维德的道德寓言《变形记》第八卷中登场的一对非常贫穷的农民夫妇，他们以家中所剩无几的菜肴和酒款待伪装成乞丐的主神宙斯与其子赫密士，后来他们的家被宙斯变成了豪华的大理石寺庙，费莱蒙和鲍西丝去世后化身为寺庙前两棵相互交织的橡树（费莱蒙）和椴树（鲍西丝）。

2. 北欧神话中的世界树，在茅盾（署名"方璧"）所著的《北欧神话ABC》中被译为"伊格德拉修"，在《北欧众神》中被译为"伊格德拉西尔"，此外还有"尤克特拉希尔"等译名。

3. 中文音译为"古卡恩"，在波斯神话中被认为是不朽的神树，是维系着人类复活希望的生命树。

4. 中文音译为"胡路普"或"胡卢普"，是苏美尔神话中的神树，即生命之树。

5. 巴比伦北部的阿卡德人神话传说中的生命之树，能够沟通神域与俗世，净化世界，驱除邪祟。

（Kein-mou）[1]，古埃及人有"西克莫"（Sykomore）[2]，犹太人有"哈依姆"（Ez Chajim）[3]，藏传佛教中有"树喻图"（Ts'ogs-shing）[4]，苏族印第安人有"瓦坎"（Wakan）[5]，印度人则有"菩提树"（Asvattha）[6]。释迦牟尼于菩提树下悟道，巫师梅林也于松树梢头尽窥魔法奥义。

　　古日耳曼人认为树木是灵魂的居所，有的树是人死后灵魂的归处，有的则是尚未投胎的灵魂的寄居之所。先民眼中的树木花草、自然万物皆通神灵。因此，他们会怀着崇敬和尊重的心情去对待树木和自然，他们一直都明白：生死是永恒的循环，人类不过是轮回中的一分子。他们在广袤的神木林中，在神圣、壮美的巨树下举行宗教仪式，载歌载舞，祷告祈福，奉献祭品。古人或许不若今人"理性"（Verstand），但定然更加"理智"（Vernunft），他们不会摧毁自己赖以生存的环境，而是尽全力保护它免遭伤害。从这一点看来，我们或许没有俯视古人的资格。

　　中世纪，欧洲的建筑工人和石匠行会遍布各地，教堂建筑匠师

---

1. 《山海经》中记载，"有木，其状如牛，引之有皮，若缨、黄蛇。其叶如罗，其实如栾，其木若蓝，其名曰建木"，是沟通天地人神的桥梁。

2. 这里特指西克莫无花果树。在古埃及神话中，人们认为流着白色牛乳状液体的西克莫无花果树是女神哈瑟尔（Hathor）的化身，在人们死后为亡灵提供食物。因此，古埃及人往往用西克莫无花果树的木头制作盛放木乃伊的棺椁。

3. 犹太教中的生命之树，又称"倒生树"，它生长在伊甸园中，用来描述通往神的路径，以及神从无中创造世界的方式。

4. 将诸佛、菩萨、世间万物之间的关系以树干、枝叶的方式体现出来，类似于家族树，是一种"神圣的集合"。

5. 中文音译为"瓦坎"，苏族人认为瓦坎是一种蕴藏在所有自然物体内的、自然却不平常的力量，是一种"大灵"或者"伟大的奥秘"，象征着生命的力量。瓦坎无处不在，是苏族人尊崇万物有灵信仰的体现。文中作者以"wakan"指代世界树，应是"chawakan"（生命之树）之误。

6. 据说，菩提树的名称是综合了印度教两位主神——湿婆（Shiva）和毗湿奴（Vishnu）的名字而来。

人才辈出，此时出现了神秘的哥特式建筑。几乎在每根石柱上都可以看到由自然元素交织而成的绚烂图案，我们可以清晰地看到，这些图案展现的正是树木：叶形纹饰装点的大理石洗礼盆和墓碑；嘴里吐出叶子的人脸浮雕，像雕刻者用于体现其纯粹创作激情的一声呐喊……以上种种皆是中世纪宗教建筑模仿森林的明证。歌德在《论德意志建筑》一文中将斯特拉斯堡主教堂比作"巍峨神木"，称其"千枝纷呈，万梢涌现，树叶多如海中之沙，向四面八方的国土宣告它的主人——上帝的荣耀"[1]。若置身于乌尔姆主教堂空旷、开阔的塔顶房间内抬头仰望，你会有一种正在凝视一棵参天大树的感觉——看它如何骄傲地撑开树冠；整个树冠轻盈无比，仿佛不受重力束缚；这棵巨树仿佛连接并支撑着天国。

到了 18 世纪，"森林"这一主题也进入了音乐、绘画和诗歌等艺术的中心。树木在神话和童话中的重要地位没有改变，现在它们还占据了艺术的核心领域。在绘画、音乐和诗歌中随处可见它们的踪影，无论背景是伊甸园还是亡灵、女巫或者恶魔的国度，从此以后，"万物皆含诗韵"。

约瑟夫·冯·艾辛多夫、理查德·瓦格纳、费利克斯·门德尔松·巴托尔迪、卡斯帕·大卫·弗里德里希、费迪南德·格奥尔格·瓦尔德米勒、阿诺德·勃克林等大师都通过其作品吸引人们走进森林。他们由此开辟了一条信念和救赎之路，给人类以回归原始、纯粹的希望。像乔治·普索塔和迈克尔·霍洛维茨那样对"宽广的灵魂之地"（weiten Land der Seele）的渴慕，对宁静和永恒的向往，一如既往地浸润着人类的内心。也许在今天，对这种情感的诉求比过往任何时刻都更加强烈。人类有一种原始的思乡病，渴望回到某片充满魔力

---

1. 《美术史的形状》（第一卷），范景中编，中国美术学院出版社，2003年。

和童话色彩的乐土，希望它接纳我们，为我们提供庇护。

本书将带领读者近距离观察 26 种不同的树木，同时也将尽力展现学术界关于这些树木的最新见解。正如我们所见过的那样，树木绝不只是待人丈量的"长木棍"，它们也是你我心头沉甸甸的珍宝。如果我们对树木的了解仅仅局限于一堆生物学事实和物理、化学关系，那我们心中就不会再怀有惊喜之情，我们对树木的热爱也将就此枯竭。

正如冈特·艾希所说："谁愿意活在没有树木慰藉的世界里？"是啊，谁愿意呢？

欧亚槭 / 栓皮槭 / 挪威槭

Acer pseudoplatanus / Acer campestre / Acer platanoides

那是某年七月里晴朗无云的一天，我顶着酷日，在多瑙-里斯一带某个不起眼的村庄中寻找住处。有家名叫"椴树客栈"的小旅店令我感到颇为惊讶——这名字倒是没什么稀奇的，要知道，在德国境内，名字带"椴树"的餐厅、酒店和客栈大约有2000家！真正令我惊叹的是客栈前院里那棵姿态庄严的树——它将阴凉的树影慷慨地倾泻于水井上方，之后又将树荫挥霍般地投向涂着灰浆的院墙。对了，它是一株槭树。

日光经由敞开的窗子探进我的房间，但槭树的掌形叶片让它变得模糊。阳光的斑点和影子的触手跳着圆舞曲，掠过粗糙的木质地板，滑过我的面庞，之后重新飘出窗去，沿着墙壁下滑，消失于水井深处。每片叶子都是一个奇妙的音符，当叶影共舞于风中时，这些音符才达成和谐，绽出奇光异彩。那一刻，我仿佛听见了槭树的旋律……

恍惚中，我似乎回到了雅各布斯·特奥多鲁斯·塔贝内蒙塔努斯

（Jacobus Theodorus Tabernaemontanus）[1]的时代。他在1588年出版的《新本草》（*Neuw Kreuterbuch*）中对槭树是这样描述的："此树因姿影绰约而得享令誉。"

强力的守护之树 [2] 和神秘的树皮

—

独自伫立（独生）的老欧亚槭通常雄奇庄严，令人见之难忘。它们有着粗壮的枝干和向外扩张的规则的圆头形树冠。阿尔卑斯山区的许多欧亚槭在经历数个世纪的风霜之后依旧傲然挺立，守护着庞大的院落和庄园。究竟是建造者们在院落建成后种下了这些槭树，让它们守护家园，还是选择了有槭树生长的地方修建院落？已经鲜少有人知晓其中的答案。绝大多数阔叶树很难在高寒山地存活，槭树却能在这样的环境下蓬勃生长。没有哪种树木的生命力能同槭树相媲美。全世界大约有111种槭树，其中绝大多数分布于北半球。

欧亚槭、栓皮槭和挪威槭是德国境内最主要的三种槭树，其中欧亚槭数量最多。幼小的欧亚槭几乎永远是单轴生长的，也就是说，它们只会生出一根主干，极少出现分枝。欧亚槭前期生长极快，一年长两米并非罕事，小欧亚槭需要尽快长到高处，以便获得充足的阳光。直到生长了二三十年后，它们才变得从容，开始横向发展，并着手构筑树冠，试图让自己变得醒目——它们会巧妙地安排芽的生长位置，使树枝分枝。

槭树开枝散叶的过程与胡桃树极其类似（详见"普通胡桃"一

---

1. 雅各布斯·特奥多鲁斯·塔贝内蒙塔努斯（1522—1590），德国医生、药剂师、医学和植物学教授。

2. "守护之树"的概念在北欧神话中早已存在。根据传说，守护之树通常生长在住家附近，能够开花结果，供养人畜，帮助主人与周围的环境建立联系并提供庇护。

章），它们最终都会长出令人过目难忘的、形态饱满的树冠。成熟的槭树能达到 35 米（有时甚至可达 40 米）的傲人高度，最长寿命可达 500 年。它们原本光洁的树皮会在成熟后变得粗糙，裂成块状，这常让人将它们同悬铃木混淆。地衣和苔藓等附生植物都喜欢在槭树的树皮上安家落户，它们对槭树皮的青睐程度比对欧洲其他所有阔叶树的树皮都高。这些植物令槭树姿态奇妙、富于变化。一块上了年纪的槭树皮往往散发着神奇的魅力，令人不忍移开视线。它坚实的树干上遍布着苍劲的枝条，密密匝匝，几乎将树皮掩盖。这一切都赋予槭树童话般的气息，它像中了魔法，令人望而生畏。

雌雄花交替

—

槭树叶片大小与人手相仿，形状类似悬铃木的叶子，都是裂成大小均等的五瓣，从底部向尾端逐渐变尖。欧亚槭每年四月生出新叶，并同时生出雌、雄两性花朵，这些花朵组成葡萄串状的下垂花序。雄花和雌花共同排列在这些形似小花环的黄绿色花序上，为了避免自花

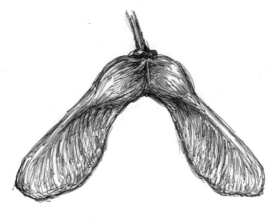

槭树的分果由两枚翅果构成。

授粉，它们的开花时间是错开的。

在一个由槭树组成的种群中，一部分槭树会先开雄花，后开雌花，其他槭树的开花顺序恰好相反。它们之间有相关协定吗？这样的开花次序每年都保持不变吗？这些问题的答案我们不得而知，但显然不是巧合。

槭树会在花期分泌大量花蜜，吸引诸多昆虫前来觅食，以完成传粉的过程。九月下旬，槭树的果实逐渐成熟（球形的种子上附有浅褐色的螺旋桨状翅翼），这些种子成对地悬挂在原本是花序的地方，等待风将它们带走，送向辽远的世界。它们有时会在风中飘荡数月之久，等到次年才落到地上。

槭树的根系与树冠同样强健，它们用力地向深处扎根，整个过程极具目的性：扎根遇到障碍时，槭树绝不会气馁，而是会选择转向，让树根向水平方向分叉。这种习性让槭树能在不稳定的鹅卵石地表站

据说，列奥纳多·达·芬奇有过关于"空气螺旋桨"的构想。1490年，他在观察槭树翅果的飞翔过程后，画下了螺旋桨的草图。如果不是因为他著名的镜像字体极其难读，我们或许不用等待450年才迎来首架直升机的起飞——槭树翅果的飞行原理与螺旋桨直升机是一致的。

稳脚跟。槭树能够快速愈合自身的伤口，对于石流的冲击也不甚敏感。但如果伤口太深，槭树仍会枯萎，并"流血而死"。

槭树的故乡：原始的山地森林

－

野生槭树在欧洲的森林中并不十分常见。在德国的荒野中，若能邂逅一株槭树实乃幸事。因为在德国的林木构成中，槭树的比重仅占不到2%。

欧亚槭的故乡在山林深处，这或许并不令人感到意外。卡尔文德尔山脉草场上的"枫叶地"举世闻名，大片的槭树与换上秋装的落叶松共演一场绚烂的二重奏。槭树十分喜欢山地牧场和高山草地湿润多雨的气候。北阿尔卑斯山区的槭树可以在海拔1700米的高度生长，而在瑞士的瓦莱州，海拔2000米的地方仍然可见槭树的身影。但这并不意味着我们不能在其他地方与槭树相遇，它们也喜欢沿着中欧的河流溪谷生根发芽。槭树的踪迹遍布四处，从西班牙北部到比利牛斯山脉，从意大利内陆到西西里岛，从希腊北境到伯罗奔尼撒半岛北部，在东欧则从波兰到乌克兰均有分布。槭树很少形成聚落，它们常零星地散布在生长着大量山毛榉的混合林和亚高山云杉林中。

古典时代的灾树：希腊独力攻占特洛伊

－

欧亚槭的拉丁文名称是"Acer pseudoplatanus"，"acer"一词意为"尖棱的""锐角的"，而"pseudoplatanus"意为"假悬铃木"[1]，暗示了槭树和悬铃木之间难以忽视的相似性。早在8000年前的新石器时

---

1. "悬铃木属"的拉丁文名称是"Platanus"，前缀"pseudo"意为"假的"。

代，农夫们就用这种浅色的木材制作碗和勺子。然而，古希腊人将明亮欢快、无忧无虑的槭树与阿瑞斯（战神、浴血者、屠杀之神）联系在了一起。难道古人从槭树的参差叶影中窥见了弑杀的神色？希腊史学家帕萨尼亚斯将槭树视作灾树，认为它对应火卫一，是代表恐惧魔王弗伯斯的星宿。

在德国人的祖先凯尔特人的眼中，洁白发亮的槭木象征着内心的纯净无瑕。在凯尔特人的生活中，槭树应当是司空见惯之物，但在北欧和日耳曼神话中都没有槭树的一席之地。

据说特洛伊木马是用槭木制成的。

在中世纪，人们由于槭树可爱的叶影将它视作从容逍遥、欢快明亮的树木。槭树由此变成了和谐的化身，并被认为拥有驱魔之力。人们用槭木打造家宅的门槛，希望能以此将女巫和邪灵拒之门外。通晓民间偏方的人知晓槭树叶的更多用处：他们用槭树叶覆盖抽痛的、较深的伤口，好让病人感到凉爽、舒适。药用的槭树叶于圣约翰节时采摘，干燥后保存，使用前在沸水中烫软即可。

腌菜和糖浆：贡献食材的槭树

—

欧亚槭的小兄弟栓皮槭是重要的食材供给者，这也是"栓皮枫"（Maßholder）这一自古相传的表述的由来。在古高地德语中，栓皮枫被称为"mazzaltra"，该名词由日耳曼语中的"mat"（食物）一词派生而来。古人采集栓皮槭的嫩叶，或当作饲料喂养牲畜，或将其捣碎发酵，制成腌渍菜。

今天，每个德国孩子都知道槭树，因为他们熟悉那种含糖量极高的可口糖浆——加拿大人和美国人在制作煎饼时也缺不了这种糖浆。槭树叶作为加拿大的象征而闻名于世（槭树叶的说法过于笼统，准确来说，加拿大国旗上的那片叶子是经过美化的糖槭叶）。其实早在中世纪，枫糖浆的制作工艺就已经在欧洲流行起来。今天，在欧洲本土的槭树上挖槽钻孔、收集树液已经没有意义了，因为其树液质量太差。

槭木有着绝妙的音质和极佳的振动特性，天生就是做乐器的材料。这类材料极受弹拨乐器和拉弦乐器制作者的青睐。除梨木外，槭木也能使一支长笛拥有最为曼妙、柔美的音色。

苹果树

Malus spec.

　　提及苹果的文献典籍浩如烟海：神话、传奇故事、释经学和历史著作中都能见到它的身影。苹果树是一种有故事的植物，它身上有许多东西值得我们深入了解、探讨和述说。就像品味黄油面包一样，细嗅苹果片的芬芳是一种无可替代的体验，很难再有事物能与苹果在人类文化史上的重要意义相媲美。一旦那香气钻入你的鼻腔，你会立刻陷入时间的旋涡，那些即将被遗忘的往事会重新映入你的眼帘：幼儿园衣帽间里够不着的挂钩，阳光明媚的操场，还有第一批同班同学……这些回忆永远是美好的。不论是对人类个体和他的过往经历，还是对我们整个文化圈和我们的集体记忆来说，苹果都具有同等重要的意义。苹果树或许是在人类的宗教和文化中扎根最深的植物，没有其他树木能与它匹敌。

苹果诞生于亚洲

—

人们普遍认为"野苹果"或者"野生小苹果"（Holzapfel）[1]应该是一切苹果之母，这种想当然的观点其实是错误的。我们今天所熟知的各种苹果品种[2]中，绝大多数来自一种名叫新疆野苹果（Malus sieversii）的亚洲苹果品种，它的味道更甜，气味更芬芳，这种被视作原始苹果的植物如今依然生长于哈萨克斯坦的阿拉木图地区。它在 2000 多年前就被人类驯化，但那种黄绿色的野生小苹果是些小个子，与我们在超市货架上看到的苹果不同，它们的直径极少超过 3.5 厘米。

野苹果树与它的野化表姐妹野梨树的境遇相仿，自然界中几乎见不到它们的踪迹，或者说即便存在也极难证实。我们需要真正的野生小苹果作为参考对象，以证实野苹果的存在，后者在冰川纪后首次走出高加索，辗转来到德国。因此，那些野生的苗株很可能都是生长在园圃内的苹果，某天突然逃出那方小天地，与其他"逃犯"或真正的野生小苹果杂交，由此重新学会了野外生存的本领，从而重新获得粗野的外观。

时而乔木，时而灌木

—

喜阳的苹果树的竞争能力并不出色，在森林中很难见到它们的踪影。森林边缘的开阔地带、空旷的田野和斜坡曲径才是它们理想的生

---

1. "Holzapfel"又可译为森林苹果。

2. 原文中专门用德语词"Kulturapfel"来指代我们现今所熟知的各种类型的苹果，"Kultur"有"农作物、经济作物"之意，而"apfel"对应的是中文词"苹果"或者英文的"apple"。

长环境。只有在这类环境中，苹果树才能塑造出挺拔的身形（最高能长到 10 米）。这种苹果树树冠的形状通常颇为怪异。它总把树冠压得很低，由于出众的再生能力，即便发生受伤和断枝的情况，也能拥有极其浓密的树冠，但树冠的形状看起来会扭曲且畸形。它也时常蜷缩进灌木丛中，试图过一种不引人注目的低调生活。

一旦到了花期，苹果树就无法再保持低调了。不过在开花之前，它要先抽出叶子。叶片最大长度可达 9 厘米，叶端极尖，整体呈卵形，两缘有锯齿。叶片的下表面光滑、无毛，这也是将它们和纯种的栽培类水果作物型苹果树区分开的重要标志之一。这两类苹果树开出的花朵同样美丽。苹果花于四、五月之交盛开，花色纯白，外侧略带粉红，花梗短小，成簇分布。无论是乔木还是灌木的苹果树，都会身披

苹果不仅是最古老的仁果[1]，也是最受德国人青睐的水果。人们曾在博登湖畔用木桩支撑的建筑中，发现了数千年前的已经炭化的苹果残渣。

---

1. 仁果，由合生心皮下位子房与花托、萼筒共同发育而成的肉质果，果实中心有薄壁构成的若干种子室，室内含有种仁，可食部分为果皮、果肉。仁果类水果包括苹果、梨、山楂、枇杷等。

白花织就的长裙，仪态万方、赫赫扬扬。用于传粉的雄蕊自花蕊深处探出，野蜂和蜜蜂时常来造访。一种类似玫瑰香气的柔和芬芳笼罩着苹果树，伴它度过整个花期——据说这种香味在夜里更加浓烈。

同蔷薇科大家庭中的其他果树一样，苹果属于雌雄同株和雌雄同花植物，每朵苹果花都同时具有雌、雄两种生殖器官。为避免自花传粉，苹果花的雌蕊比雄蕊成熟得早，这让异株授粉的发生概率大大提高。

野苹果树有着灰棕色的鳞状树皮，表面有纵向裂纹。野苹果树会对其心形的根系输送大量养分，它扎根颇深，但其根系也能在水平方向上四面散开。即便到了100岁，苹果树也能通过根际萌蘖和留桩萌蘖的方式进行繁殖。

野生动物的食槽

—

九、十月间，果实挂满野生小苹果树的枝头。这些小小的果实只有在极个别的情况下才会略带绯红，平时则与我们所熟悉的"作物型苹果树"并无太多相似之处。这些果子坠落到地面上，成为森林居民的美餐：麂、鹿和刺猬都将它们作为丰盛的营养源。然而，野生小苹果的味道极酸，回味极苦，对人类的味蕾而言，品尝这种果实可不是什么值得推荐的体验。如果非要享用它，那就只有进行烹煮，将其制成果干，或者制成蒸馏酒也是不错的选择。在此还是要奉劝你最好不要贪杯。

野生小苹果原产自高加索地区。今天，它却是德国最为罕见的树种之一，只在易北河谷和东厄尔士山脉的部分区域有较大规模的分布。根据联邦食品及农业部的统计，德国境内仅有5500株野生小苹果树。在阿尔卑斯山地的国家中情况略好一些。这种植物几乎在整个欧洲都有分布，只不过极其零散，因此，单棵的野生小苹果树越来越难找到伴侣繁殖后代，目前这一物种已严重濒危。

爱与欲的化身

—

德语中的"苹果"（Apfel）一词源自古高地德语中的"Affaltra"和"Apful"，后两者则是由更古老的日耳曼语"Apitz"演化而来的。

我们不知道人类是否因苹果的魔力所惑，才失去了他们在伊甸园中的栖身之处。但有一点可以肯定：没有哪种果实像苹果那样，被赋予如此多的神话意义和符号象征意义，它从存在之初就象征着生命、阴性力量、性和多产。根据传说，古希腊的酒神狄俄尼索斯创

造了苹果树，又将其送给阿芙洛狄忒，后者是爱与美的女神，也是司掌情欲的神祇。司掌正义的复仇女神涅墨西斯总是随身携带一根苹果枝。

歌德也将苹果当作阴性的符号，墨菲斯托和浮士德于沃尔帕吉斯之夜在布罗肯山顶起舞，一位妙龄丽人对浮士德说道：

> 此物常令汝等欢喜，伊甸初开直至而今。吾亦不禁洋洋得意，因有此树生我园里。[1]

苹果也象征着俗世的权力，这一象征意义并不是从中世纪开始才被赋予的。早在古波斯，苹果就象征着统治的权威。公元 10 世纪，人们就铸造了被称为"国王苹果"的王权宝球，用苹果圆满的形状来喻示王权的十全十美、完整统一。

每日一苹果，医生远离我

这句俗语妇孺皆知。富含维生素 C 的苹果用处很多，不亚于与其相关的神话数量。在中世纪的民谣中还有更详尽的说法："复活节清晨，空腹吃苹果，此后一年中，无疾安乐多。"和其他几种树木一样，苹果树也享有能够扫除疾病的好名声。奥地利作家、民俗学者汉斯·施特内德尔在其 1928 年出版的作品《村里的春天》(*Frühling im Dorf*) 里描写了一种古老的民俗——"钉病入桩"。重病者会从一棵遭受过雷击的橡树上弄一些硬木头，将其削成比拇指还小的尖木楔，然后在木楔上缠一缕自己的头发，将其凿入或钉入一棵果树的东侧，以

---

1. 《浮士德》，歌德著，钱春绮译，上海译文出版社，2011年。

此治疗疾病。

　　苹果木并不容易燃烧，因此并不具有什么林业经济价值，只有在工艺美术中要采用旋削工艺加工作品时，它才有些市场：梭芯、用来拌沙拉的叉勺、棋子、榨汁器、蛋杯和其他类似的小物件都是用苹果木制成的。

　　当然，我们也不应该遗漏路德关于苹果的名句："若我知道世界明日便要毁灭，我会在今天种下一棵苹果苗。"[1] 这句话是从 20 世纪中期才开始被人们广泛引用的。

---

1. 这句话主要表达了一种虽然身处绝境但依然满怀希望的心情。根据相关研究，这句话是第二次世界大战以后，才被人们附会为出自马丁·路德之口的。

桦 树

Betula pendula

当大地仍被冬神的气息所笼罩时，桦树就开始用绿叶装点它那洁白如云的枝干了。桦树的叶片光滑如丝、富含生机，象征着早春的来临。奋力钻出枝头的新芽柔嫩得似乎受不住任何力气，生长势头却旺盛得惊人，在阳光下散发出一种美好的光芒，显得那样纯净。虽然桦树的新叶数不胜数，但每一片都是对世界的独特理解。桦树是柔情默默、妩媚典雅、高贵端庄的物种。无论秋雾缠绵还是暴雨狂风，无论生老还是病死，它始终不改和蔼、温柔的姿态，只会随时间流逝而成熟圆满。在生命之初，桦树是一名女舞者，充满生机与欢欣，之后则成为睿智的女魔法师，面庞因为经受风露而起了褶皱，流露出一种深沉的美丽——她双眼凝望长空，却又因对大地的慈柔而愿意俯身屈就。

或许，正是这种优雅让桦树成为世人的心头所爱。但桦树的柔情和优雅绝不等同于软弱，她是一位勇敢的女先锋，具有惊人的能量，这种能

树立狂飙，方见本相。
白桦临风，婆娑隽朗。
端严若神，雅致何极？
画意诗情，怎付言语？
——克里斯蒂安·摩根斯坦

量支撑着她与残冬斗争。桦树极耐霜寒，即便是新叶也能在零下 6℃ 的低温下安然无恙。三、四月里，当桦树抽出第一批嫩薄如蝉翼的新叶时，花期也如约而至，此时若有饥饿的蜂类前来寻蜜，基本只能无功而返，因为桦树花含蜜量极少。桦树是雌雄同株的植物，既具阴柔妩媚之姿，亦有雄壮阳刚之态。它们会在开春前就长出悬垂状的雄花花序，等天来临时，这些花序就会膨胀、变大，散播无穷无尽的花粉，任由它们随风飘出数百千米。每个花序最多可产生 500 万粒花粉，这些花粉随风飘向广大世界，开启了冒险和充满不确定因素的旅途。有的花粉会飘进过敏者的鼻腔，害得他们狂打喷嚏，让人懊恼不已。

桦树的雌花花序远不及雄花花序张扬，它们起初直立着，呈淡绿色，等到成熟后才会有明显的膨胀感，然后下垂，颜色转为锈红。秋天，两侧带着小翅膀的桦树果子开始发育，等到来年，这些翅果才会和花粉一起被托付给春风。长风携着这些微型坚果，将它们散布于四面八方。它们的生命力顽强，从不挑三拣四，无论碰上什么土壤都能发芽。就连屋檐排水槽、墙缝甚至大橡树的分叉处都能成为它们的落脚点，它们可谓见缝插针、随遇而安的典范。几乎没有什么能遏制桦树的生长意愿，在生长的第一年，桦树苗就能超过 30 厘米高，生出标志性的菱形小叶。桦树叶缘有小齿，上表面光滑，有蜡质感，在明亮的夏日里，叶面上还会覆满一层清漆般的分泌物。这层"清漆"赋予桦树一种轻快的光芒，让它欢欣满怀，于蓝天下婆娑起舞。

最吸引人眼球的还是桦树皮。年轻的桦树表皮光滑如缎，呈乳白色。桦树年老后，表皮皲裂发皱，树干下部更是生出众多沟壑和孔穴，这些深色的沟、孔在白色树皮的衬托下几近乌黑。桦树的美丽曾给予无数画家、作曲家和诗人以创作的灵感，世界民俗文化中也有桦树留下的足迹。当然，桦树本身就是造物主最成功的艺术品之一。

创世神话中的北国之树

–

人们一般认为桦树有 100 种左右，具体数量尚无定论。所有桦树都只生长于北半球，高度不超过 30 米，德国本土的桦树树龄最高可达 150 年，而在桦树的故乡北欧，树龄可达 250 年，因为它们更适应那里的气候。

桦树为何如此顽强？秘密在于它的根系，以及发生在地底深处的根系与菌根真菌之间的共生关系。这种与地下生物之间的契约是这样运作的：桦树通过光合作用制造糖分和能量，然后用它们与菌类做交易，以换取它们无法从土壤中直接吸收的一些物质。喜阳的桦树不会生长在密林深处，它们更青睐于森林的边缘地带和林间空地，或者其他树木不敢涉足的地方。山区的桦树可以在海拔 2000 米左右的地方生存，这真是个惊人的成就。在瑞士的格劳宾登州曾有过更惊人的报道：人们在海拔 2800 多米的地方，发现了一棵高度超过 10 厘米的桦树幼苗。在所有阔叶树种中，桦树可以说是这方面的纪录保持者，将第二名远远地甩在了身后。

桦树最青睐的环境是北方，它们生长的地带最北远达寒带针叶林带，如西伯利亚地区就分布着辽阔的桦树林。桦树还是当地某些原住民族的创世神话中的主角。

除邪的扫帚

–

我们常常能在高大且枝杈繁多的桦树分叉处发现一些形如灌木的球形畸形物，乍看之下，人们会联想起槲寄生。在过去，人们认为这种现象与女巫有关。他们认为女巫们于沃尔帕吉斯之夜乘扫帚飞往布罗肯峰，若她们在某棵树上停留过，那个树冠上就会长出这种球形物。德国的先民称其为"驱巫帚"，民间信仰认为桦树富含光明与守护之力，能抵御巫术。至今某些地区仍保持着用桦树枯枝扎扫帚并用其清扫家宅的传统，他们认为通过这种方式能将邪灵扫地出门。固定在门楣上的"驱巫帚"不仅能抵御邪魔，还能护佑家宅庭院，令其免遭雷击，因此"驱巫帚"也称"避雷木"。

如今，科学家们认为"驱巫帚"是由真菌感染引起的生物现象。一种名为桦褐孔菌的真菌会给桦树带来刺激，令其生长机制发生紊

令桦树长出"驱巫帚"的真菌名为桦褐孔菌。

乱，长出一团不受控制的枝条。现在若有人在雾天朦胧的黄昏时，在一棵生满"驱巫帚"的毛桦树下驻足，心里仍会充满隐隐的恐惧。虽然可以用科学解释这一自然现象，但人们还是会想起种种关于妖术、邪魔的可怕故事。

在封存中成就不朽

—

德语中"桦树"（Birke）和"树皮"（Borke）两者的发音惊人地相似。事实上，它们都源自"bergen"一词，意为"包含""包裹"。语言学家赫尔曼·格拉斯曼认为，德语中"桦树"一词起源于梵语——在这种古印度语中为"burgha-s"，意指树皮能用作书写材料的白皮树。人类历史上最重要的典籍中有相当一部分被记录在桦树皮上，并通过这种古老的信息保存方式留存至今。比如公元 1 世纪的 29 卷犍陀罗经文，如今这些卷轴被认为是世界上最古老的佛教典籍文本。这不禁让我们产生怀疑：U 盘能将信息保存这么长时间吗？

桦树皮的潜力尚不限于此。数千年来，因其杰出的抗菌防腐能力，桦树皮一直都被用于制作储存食物的容器。就连著名的"冰人奥茨"[1]的随身器物中也有类似的容器。桦树皮十分柔韧，其坚韧程度令人吃惊，因此能够运用在生活中的很多方面。俄罗斯的农民用桦树皮编织篮子，用来盛放蘑菇和浆果。

据猜测，将桦树皮作为书写材料的习惯对古印度书写方式的发展产生了影响，因为手工技术层面的可行性往往决定了文字符号的变迁过程，也许这正是流畅、圆滑的梵文字体产生的原因。欧洲的桦树和亚洲的桦树都曾在人类书写史上占据一席之地。

---

1. 奥茨是人们在1991年于奥地利和意大利边界发现的一具古尸的名字，这是世界上现有的最古老、保存得最好的古尸之一。

而在广袤的西伯利亚，驯鹿饲养者居住在被称作"恰姆"[1]的传统帐篷中。甚至就在几年前，当地人还用缝在一起的桦树皮铺盖帐篷顶，用桦树条编成的地毯覆盖霜冻的地面。

在德国的乡间，我们依然能看到这样的传统：人们每年都会举行一次将桦树带入村中的仪式，作为生命重返大地的象征。千百年来，人们一直有用桦树充当"五月树"[2]的习俗。而在阿尔卑斯山区的偏僻乡村中，少年们会用捆成一束的桦树枝（即"生命荆条"）抽打牲畜，期待以此让它们变得多产。这种习俗被称作"Quicken"[3]——有时小伙

还有一些真菌也爱和桦树做伴，捕蝇蕈就是一例，
这种真菌往往能在桦树附近生长良好。

---

1. Tchum，又叫chum，是涅涅茨人用驯鹿皮制成的锥形帐篷。

2. 在某些德语国家的乡村地区，习惯于每年的五月一日在村中立一棵经过装饰的树。

3. 生机勃勃之意，类似于中国"打春牛"的习俗。

子们也会怀着类似的愿景，将这个方法用在他们心仪的姑娘身上。若是某个小伙子成功娶到了心仪的姑娘并且和她有了孩子，人们就会在这对新晋父母的屋前立上一棵经过装点的桦树。

桦树的馈赠——对人类的赐福

一

通过蒸馏加工桦树皮获得的"桦树皮焦油"是世界上最古老的黏合剂。10万年前，人们就用它来制造武器和工具，博登湖畔的木桩建筑（约6000年前建造）在建造过程中就使用了这种焦油。

桦树的含水量极其丰富。春天里，每株桦树每天都要将多达70升的水从根部泵上树梢。到了炎热的夏日，每株桦树每天要蒸腾数百升水。很久以前，古日耳曼人就懂得如何采集和饮用桦树汁。作为一种给人以活力和健康的春季特饮，桦树汁现已重新获得人类的重视。令人高兴的是，桦树汁的实用价值远高于采集成本，这驱使高端有机食品生产商们开始将桦树汁作为商品售卖。此外，桦树汁也是制作化妆品和护发产品不可或缺的原材料。今天，我们可以在商场的货架上见到富含木糖醇的桦树糖浆。木糖醇不但给人以甜美的味觉享受，而且具有预防龋齿的功效，不像其他甜味物质那样损害牙齿。

我们还可以用熠熠发亮的桦树新叶泡茶，以此强健体魄，令我们的身体焕然一新。桦树茶不仅可以内服，还能外用，它是一种具有温和护理作用的爽肤水，广受消费者的青睐。桦树皮中的白桦脂醇赋予桦树汁众多用处，也令其能够长期保存。目前，科学家和药剂专家正在研究该物质的医学价值，他们希望能够利用白桦脂醇对抗多种代谢性疾病，诸如糖尿病、动脉硬化，甚至癌症。数千年来，桦树一直给予人类丰厚的馈赠，这种神奇树木的存在就是大自然对人类的恩赐。

欧洲野山梨

Pyrus pyraster

你在森林边缘邂逅了一株野梨树，却认不出它的身份。梨树有能力出落得雄奇壮观，但大多数梨树是外表粗野莽撞、面貌轻佻、带着好奇的眼神打量你的小个子。你几乎以为它要开口说出一句俏皮话，也就是在这一刻，你爱上了它。

我们的园圃中和干草地上生长着驯顺的家生梨树，野梨树便是它们生活在野外的姐妹，区分两者并非易事。直到今天，专家们仍在为它们到底是两个完全不同的种类还是同一物种的不同变种的问题而争论。

区分野梨和家梨的最好方法，莫过于将两者的成熟果子握在手里，再分别咬上一口，味道好的自然是我们熟知的啤梨，也就是我们所说的"栽培梨"了。

生活在森林边缘的、做过"头发"的园圃叛逃者

–

栽培梨之母——原始野梨，也许已经不复存在了，它的表亲野生小苹果如今同样无处寻觅。出现在野外的野生品种应该是一些厌倦单调生活的叛逆者，它们逃离园圃，在荒野中寻找自由和幸福。换言之，所谓"野梨"其实是退化的栽培梨。和所有野化果树一样，野梨从不在密林中安家，森林边缘和田间地头才是野梨树的领地。和在密林中不同，这里没有参天大树同它抢夺阳光和热量，也只有在这里，野梨树才会出落得亭亭玉立（有时能长到20米高），头顶狭长而优美的树冠呈竖立的椭圆形，直指天空。它的主枝本应垂直生长，但因沉重的果实所累，主枝会向下弯成弓形。纵向生长的使命由新生的侧枝继承，直到它们也结出果实，重复相同的命运。诸多弓形枝条最终共同构成一个形态奇特的树冠，好像它刚在某家昂贵的理发店做过头发，让它看起来威风凛凛，不可一世。理论部分就此打住！还好，现实中的野梨树总像刚被大风刮过，新做的发型被吹得乱糟糟的，看起来不再装腔作势。在森林以外的地方独自生长的梨树有时会长成弯曲多节的模样，像极了老气横秋、气势汹汹的老橡树。有时，野梨树干脆沿着斜坡匍匐生长，看起来更像灌木而非乔木，叫人几乎认不出它的真实身份。幼年的野梨树会用尖刺保护自己，因此人们时常把它误认为其他植物。

梨树属于落叶植物，是蔷薇科大家族的成员。成熟梨树的树干直径可达80～120厘米，树皮呈方形裂纹——这是将它和橡树区分开的关键。

误入密林深处

—

野梨树的枝梢上生着尖锐的短刺——这在多数情况下也是小型植物的特征。野梨树于四、五月之交抽叶，叶片呈深绿色，椭圆形，边缘有小齿。从四月到六月中旬，野梨树都会用美丽的花朵装扮自己，花分五瓣，白中带粉，20～30根雄蕊好奇地从花蕊处探出头，张望这个世界。梨花的雄蕊呈胭脂红色，这是梨花与苹果花及花楸花的不同之处。同绝大多数果树一样，野梨属于雌雄同株和雌雄同花植物，每朵梨花同时具有雌、雄两套生殖器官。

野梨树总将大量的黄绿色果实挂上枝头，看起来并不像梨，反倒更像形状不规则的小苹果。这些果实含有许多木质，即所谓的石细胞网。你以为德语中的"野梨"是因为富含木质才被叫作"Holzbirne"？那你就大错特错了。"木"（Holz）在此处是"森林"（Wald）的同义词，因此"Holzbirne"也可以说成"Waldbirne"[1]。

梨树的千年驯化史

—

为我们所知的梨树有大约 20 个品种，据猜测，它们的祖先是在上一次冰期结束后才从波斯进入地中海沿岸的。梨树是古希腊名树，备受人们珍视。而人类真正开始驯化野生梨树、栽培梨树的时间应不晚于古罗马时期。如今，从西欧到高加索地区都分布着梨树，虽然梨树的确耐霜寒，甚至能够承受零下 24℃ 的低温，但总体说来还是喜暖，所以梨树不会深入太北边的地区。你可以在莱茵河和易北河沿岸的森林里发现梨树的踪影，当然也不要忘记梅克伦堡·前波美拉尼

令人惊讶的是，地球上梨树种类最多的国家是中国，梨树在中国有着悠久的历史。中国野山梨，即豆梨[2]（拉丁学名为 Pyrus calleryana 或 Chanticleer），由于外形优美且栽培相对简易，已经开始进入德国的城市，这种植物今后或许将在德国更为频繁地出现。

---

1. 实际上，在德语中并没有这个词，梨子、梨树的德语单词是"Birne"，而在此处"Holz"和"Wald"同为"森林"之意，只不过"Wald"更为通俗，因此作者才从字面意义和造词法上说，如果想有更一目了然的理解，野梨的德语单词似乎写为"Waldbirne"更为合理。

2. 蔷薇科梨属落叶乔木，别名鹿梨、棠梨、野梨、鸟梨等，原产中国华东、华南各地，有若干变种。

亚州——此地的梨树出现频率颇高。梨树在德国颇为罕见，据精确统计，德国境内的野生梨树只有 14000 余株。

在德国一些联邦州，林业部门正加强保护野梨树的相关措施，因为它们已经踩上了濒危的红线。

与古典时代的深厚渊源

—

荷马称呼古海伦人[1]为阿尔戈人，他们在伊那柯斯（河神和阿尔戈斯的首位统治者）的带领下定居于伯罗奔尼撒半岛。阿尔戈斯城于约5000 年前建成，在欧洲所有不曾被荒废的定居点中历史最为悠久。根据神话传说，该城的第一批居民几乎只以野梨为食，后来甚至将他们的整个国度都以梨来命名：阿皮亚（Apia），即野梨树之地。

---

1. 即古希腊人。

希腊神话中的另一株梨树更具诱惑力。传说坦塔洛斯[1]遭了诅咒，被打入池塘，浸入齐下颌深的水中，忍受可怕的饥饿。一株梨树在他头顶垂下果实累累的枝条，一旦他想要吃梨充饥，就会有一阵无情的冷风吹来，将梨枝送到他触不到的高处。这个遭诸神放逐的人也许至今仍在忍饥挨饿，这种状态或将永远持续下去，所以人们将这种折磨命名为坦塔洛斯之苦。

圣奥古斯丁于公元 397 年写下了至今仍被视为世界文学史上最伟大自传之一的《忏悔录》，书中记叙了出身高贵的男孩在年少时的某天夜里，将邻家花园中的梨树摘光了果子的故事。事实上，这位日后的教会圣师将那些梨子喂了猪，偷梨不是为了吃梨，而纯粹是为了从做坏事的过程中体验一种狂野而恶意的快感。

野梨树在同时期的日耳曼人眼中是一种圣树。日耳曼人对野梨枝头生出的槲寄生致以崇高的敬意，认为其中居住着强大的神灵和神秘的龙，还相信它们具有疗疾的神效。这样一来，槲寄生很快便成了基督教传教士的眼中钉，他们不遗余力地铲除受异教神赐福的野梨树，像对待日耳曼多神教一样毫不留情。

基督教传统视角下的梨树

—

然而，就在同一时刻，被罗马人几乎驯化至完美状态的梨树进入了修道院的园圃，梨肉的甜美成为爱情的象征，梨花的纯白标志着童贞女马利亚的无瑕，红色的雄蕊则代表耶稣之血。

上面所说的种种，都可以在靠近上巴伐利亚锡伦巴赫的马丽亚梨

---

1. 希腊神话中的人物，为宙斯之子。他烹杀了自己的儿子珀罗普斯，然后邀请众神赴宴，以考验他们是否真的通晓一切。宙斯震怒，将他打入冥界。

特奥多尔·冯塔纳[1]曾于1889年写下关于梨树的不朽诗行:"里贝克的冯·里贝克/他家住在哈维兰德/园内立着一棵梨树……"即便死亡也没能阻止叙事诗中的主人公向穷孩子分发甜美且有营养的果实。

树修道院中得到印证。400余年来,人们始终在此地的教堂里纪念"梨树下的慈爱圣母",这座具有重要建筑学意义的教堂围绕一株空心的陈年梨树而建。1632年,瑞典人在此地烧杀劫掠,一位牧师将圣母像藏于树干中,令其免遭荼毒。至今,我们仍能在教堂祭坛后方看到那截空心的树干。

用处多样的梨树

（野）梨木颇为难得且木质极佳,是德国最珍贵的木材之一。梨木细腻、坚实又极易切割,荷马时代的人们已经开始用梨木雕刻艺术

梨木在传统乐器制造业中扮演着重要角色。梨木竖笛音色温暖,不过,一旦吹错调,梨木竖笛就会黯然失色,音调会变得和野梨一样酸涩。

---

1. 亨利·特奥多尔·冯塔纳（Henri Theodor Fontane, 1819—1898）,德国19世纪杰出的批判现实主义作家。

造像。由于梨木性质稳定，不易变形，在过去的很长一段时间里，人们都用它来制作直尺、丁字尺、比例尺等绘图工具。若论制造印刷版，几乎没有其他木料能比得上梨木。漆成深色的梨木是檀木的最佳替代材料。

民间信仰和痛风疗法

一

民间习俗历来认为梨树属阳，苹果树属阴。阿尔贝图斯·马格努斯[1]就提出过类似的说法，并把梨木的强韧和梨叶的刚硬作为依据。当然，梨树的果实更符合女子的娇柔之态。民间流传着诸多用于形容梨子的粗言秽语，从"美人腿"到"处女果"应有尽有，甚至有人说"翘屁股梨"。到底是否该用梨来代表女性的身材？对此人们尚存争议。毫无疑问的是，只要你咬过一口野梨，你就能轻松领会"苦刑梨"[2]的意涵。

梨树在民间偏方中没有什么大用场。唯一的例外可能是所谓的钉病入树——像对待其他果树一样，有时人们也试图将病痛转移到梨树上。

关于梨树还有一种习俗：人们用其施法，以期摆脱某种古老的疾病——痛风。痛风病人"于祈祷钟响时分……步至小梨树下，祷祝曰：'哭向梨树跟前听，怜我身染痛风病。肢体浮肿状如鬼，撕扯抓搔无人形。如此磨折日复夜，天主闻听也动情。沟上飞过一只鸟，携我病痛入青冥！'"之后再念一段祝祷文，确保法术生效。

---

1. 阿尔贝图斯·马格努斯（Albertus Magnus，1193—1280），德国天主教多明我会主教，哲学家，神学家。托马斯·阿奎纳是他的学生。

2. 一种形状像梨子的刑具。

山毛榉

Fagus sylvatica

　　春回大地，草木抽芽，一片片新叶满怀好奇，探头探脑地打量陌生的世界。而"森林女工"山毛榉是众草木中最后抽叶的一位。至少要等到四、五月之交，人们才能观察到山毛榉的抽芽过程：新叶挺立而起，向四周舒展，外部仍被坚韧的褐色芽鳞包裹。寒冬里全意内顾、无心向外的山毛榉，此时向外部世界敞开了心扉，像要对世界进行馈赠。在过去的数月中，山毛榉不动声色地接受世界的给予，如今，报恩之时已到。新叶挣脱芽苞，看似犹疑，实则柔中带刚，生机萌动，概莫能阻。新叶成对伸展，向阳而生：娇柔的小叶以小鸟依人之姿，为稍大的外部叶片所包裹，后者像一只张开的大手托住前者；之后，它们以肉眼难以把握的缓慢速度分开，一点点失去柔嫩的质感，舒展开来，抚平了表面的褶皱。

　　不久，整株山毛榉都散发出丝绒般的绿色柔光，这光彩似乎焕发自其自身的最深处。序曲终了，正剧上演。清风绕着壮丽的树冠欢快起舞，动摇枝柯，抚弄柔条，回旋叶间，挑逗它们发声吟唱：簌簌沙沙，声声含情，饱含生之欢欣，让远逝的冬日沉入遗忘的深海。待到山毛榉绿意盎然，夏天也已触手可及。一株高大的山毛榉可在极短的时间内生出 60 万片绿叶——年年如此。在这天地间，每株树都是独一无二的，树上的每片叶子亦然。山毛榉林中，众树参天而起，用树干和枝叶构筑出神圣的庙堂，巍峨崇高，高临万物之上。春日里，漫步林间者以为自己误入了宽广的大教堂，教堂殿中巨柱撑天。漫步者满怀敬畏地伫立于造化的奇迹之中，为奇景所慑，瞠目结舌，不知何处安放手足，世界的诞生似乎都只为欣赏这一刻的美丽，连时间也仿佛在此际驻留。

标志性的光滑树皮

—

德国本土的欧洲山毛榉 [德语字面意思为红山毛榉（Rotbuche）] 属于山毛榉科。其名号中的"红"字由新砍伐的木料颜色而来，并非指榉树叶的色彩。

山毛榉是德国本土森林中第三常见的树种，约占德国境内林木总数的 15%。其树高可达 4 米，树龄可达 250～300 年。山毛榉树皮平顺光滑，呈银灰色，是德国本土森林中最易辨认的树种。密林中的山毛榉高临众生之上，在众树头顶撑开雄奇的树冠。而独生于旷野的山毛榉同样巍峨壮丽，令人见之难忘，不输于林间的榉树：其主干直径可达两米，其侧影是贴近地面的半球形，一眼望去，全树几乎仅余树冠，仪态威严，宛如帝王！

山毛榉的树身固然伟岸，其地下根系也同样强健雄浑，不减王者气势。其雄健的根系状如龙蛇，挥舞利爪，不顾险阻，深深掘进林间的湿土。山毛榉是罕见的兼具水平与垂直根系的树种，同时也是雌雄同株的植物，同一植株上兼具雌、雄两性花朵。山毛榉在抽叶的同时开花，也可能开花稍晚于抽叶。雄花悬于束状的花序上，这些花序由长柄固定于枝头，质感近似羊毛；雄花产生花粉，并将它们托付给风，花粉随风飞逝，踏上充满不确定性的旅途，一去不复返。雌花位于叶片末端，表面生有无数柔软的圆形肿块，阻挡外人向内部窥探。山毛榉的坚果于秋天成熟，数量庞大到林中居民无法将它们全部吃光，余下的果实足以用于山毛榉树的繁衍。此时，雌花表面的闭合肿块已经膨胀并木质化，发育成带有尖刺的外壳，富含油脂的果实藏身其间；待果实成熟后，外壳就会爆开，裸露出内部的果实，整棵山毛榉树由此为野生动物们提供了丰盛无比的宴席。

精擅社交的女王

—

山毛榉曾是德国本土森林中毋庸置疑的"女主人"，事实上，它的统治史并不长。山毛榉曾于上一次冰期被迫背井离乡，大约在5000年前，它们才重回原产地。

鲜为人知的是，人类曾为山毛榉的扩张立下汗马功劳：四处迁徙的凯尔特部族每在一地落脚，便着手垦荒，清除桦树林和松树林——两者都是当时占统治地位的树种。这些部族迁走后，先天条件占优势、抵抗力顽强的山毛榉便会占领空出来的地盘。因鲜有喜光的植物能在山毛榉的浓荫下存活，所以在稍晚一些的时候，山毛榉甚至清除了半个欧洲的橡树林。我们现在已经知道，树木其实是社会性生物，它们能够彼此交流，有的树木甚至会接济其他树木一些营养物质，帮它们渡过难关——这一点在春天的山毛榉林中尤为明显。树龄尚幼、身量未足的小榉树披上绿叶的华服时，成熟粗壮的榉树枝头时常仍无片叶；大树似乎有孔融让梨的精神，会礼让它们脚下的小树先行生长。对其他所有的开花草木而言，这个时间段也十分关键——一旦山毛榉的密叶穹顶在它们头顶闭合，对它们而言，性命攸关的阳光就少之又少了。

如今，欧洲范围内总共生长着 11 种山毛榉；从瑞典到西西里岛都有它们的踪影，它们的足迹从大西洋沿岸开始，跨越喀尔巴阡山脉，一直深入俄罗斯南部。山毛榉的抵抗力极强，是有能力挺过温室效应以及随之而来的干旱气候的少数树种之一。

"仙子之树"：圣女贞德的死劫

—

山毛榉曾在数千年的时间里为人类和牲畜提供口粮，而且是牲口们的重要营养源。仅其拉丁语学名"Fagus sylvatica"便点明了它食物供给者的角色——"fagus"出自希腊语，意为"食物"，"sylvatica"则意指西尔瓦努斯，乃古罗马的森林和畜牧之神。简言之，山毛榉学名的大意为"源于森林的食物"。

中世纪也曾有过关于"巫术山毛榉"或"邪神山毛榉"的传说：女巫和异教偶像崇拜者们彻夜绕树起舞，直至黎明。1431 年，圣女贞德被判死刑。距离其出生的村庄堂雷米（Domrémy）不远处，就有一株这样的邪恶之树，时人称为"仙子树"。这株魔树左近有一眼泉水，名为"荆棘泉"，据说其水有疗疾之效。古老的传说认为，曾有人在那株魔树下见过妖精。然而每逢春天，堂雷米村的少女们都在那株树下纵情歌舞，以此庆祝冬天的结束。她们用彩带装点魔树，用其柔枝为马利亚的圣像编织花环。贞德供认，自己曾参与妖精树下的舞蹈活动，但这一供词被添油加醋，发挥成"恶魔崇拜"之罪。贞德被冠上莫须有的罪名：利用生于妖精树下的曼德拉草施行黑魔法——圣女的命运就此迎来了众所周知的残酷结局。

令人讶异的是，如此重要且常见的山毛榉竟鲜少在诸民族的伟大神话中扮演重要角色。有人猜测，远在日耳曼人的文化高度发达起来之前，在古印欧人的时代，山毛榉曾是一株包罗万象的宗教之树，象征异教崇拜中丰饶多产的神性。山毛榉曾在白蜡树之前扮演"人类种族的伟大先祖"一角。

书写人类史的山毛榉

–

山毛榉具备其他树木所没有的能力：传递知识。古腾堡便是通过一小块被刻成字母形状的山毛榉木启发而发明活字印刷术的。

山毛榉的树皮呈银白色，表面光滑，天生就是刻画符号、为后世保留信息的好材料。常有人把自己名字的缩写刻在高大的山毛榉树上，让这些符号长留树身。无数情侣曾在山毛榉枝叶交会而成的壮丽穹顶下倾心相许，立下海誓山盟，再将爱心刻上山毛榉的粗壮树干。但这并非新时代人类的原创，早在数千年前，信奉异教的日耳曼先祖就喜欢在山毛榉木上刻字。与今人不同，古日耳曼人通常不会用山毛榉木记录浪漫的信息，而是在上面刻下象征符号和魔法符文。日耳曼

古腾堡的印刷活字由山毛榉木雕刻而成。

据传说，小孩是从山毛榉中生出来的：人们会提及"小儿山毛榉""莱昂哈德山毛榉""玛格丽特山毛榉"。如果人们用山毛榉木盆给一个新生女婴洗澡，她就会出落成一个受人渴慕的美人。

人将这些异教字符称作"如尼文"（rune），意为"秘密"。先民的祭司们将它们用于守护巫术、魔法治疗和预言。这些字符发展成一个由24个字母组成的系统（即所谓的"老弗萨克"[1]），与我们的字母表颇为相似，但前者仅具有宗教功能。古人们截下平滑无瑕、笔直光顺的山毛榉枝条，刻上如尼文，制成所谓的"山毛榉巫杖"，在进行重大决策前，人们利用这些巫杖进行占卜。

公元98年，罗马史学家塔西佗在其著作《日耳曼尼亚志》中对上述异教仪轨进行过详尽的描述："再没有谁会如他们（日耳曼人）一般重视征兆，热衷于抽签问卜。抽签过程颇为简易：从一株硕果累累的大树上截下枝条，切作小段，刻上字符，随意抛掷，任木块落于一块洁白的布匹上。问卜者祝祷神祇，眼望天空，依次拾取三个木块，手指木块上事先刻好的字符；族中公事由部落祭司负责占卜，一家之主占算家中私事。"

无论生前死后，山毛榉树一直忠心耿耿地为人类服务：山毛榉木烧成灰后可充当清洁剂成分，或用于制作肥皂。此外，山毛榉灰还有消炎和杀菌的功效，与连翘油混合后可制成一种固体膏质，用于涂抹伤口，治疗溃疡。

中世纪的医者们自然也熟悉山毛榉，通晓它们的秘密。药剂师兼医学和植物学教授塔贝内蒙塔努斯在其著作《新本草》中记录道："上唇尖及牙龈溃烂生疮者，当口嚼鲜（山毛榉）叶；肢体松垂无力者，须捣碎山毛榉叶，以之涂抹四肢……近世多以山毛榉木构筑房

---

1. 老弗萨克（Futhark）即通用的日耳曼语族如尼文字母表，futhark一名取自如尼文起始的6个字母。传统的弗萨克一共有24个字母。

舍，或以之烧灰入药；山毛榉木入水不腐，历久弥坚，农家多以其皮制作杯盏篮筐。树身腐后烧灰，可为染料。"

经过烘烤方能享用——马的致命剧毒

山毛榉坚果含有三甲胺、皂苷、草酸等有毒物质，但其毒性因人而异。有些人会在食用山毛榉坚果后出现胃肠道不适，乃至上吐下泻。据说也曾有人因为食用山毛榉果实而出现麻痹或痉挛的症状，但也有人能够毫无问题地消化山毛榉坚果。因此在过去，山毛榉坚果曾一直是一种重要的食物。直到19世纪（以及第二次世界大战后经济困难的时期），人们都用山毛榉坚果在磨坊里榨油。山毛榉油既可用于烹饪，也可用作灯油。山毛榉坚果也曾和橡子一样被用来替代咖啡豆。山毛榉坚果中的毒素可以通过烘烤而被分解，同时这样能令坚果拥有更怡人的香气。

被称作"木焦油"[1]的山毛榉焦油是有效的杀菌剂，也常被牙医用于局部麻醉。在顺势疗法中，山毛榉焦油时常被用于治疗湿疹、刺激性咳嗽及长牙诱发的疼痛。

山毛榉坚果是鸟类和啮齿动物的美食，但某些动物（尤其是马和牛犊）无法应付果肉中的毒素，因而人们不能用山毛榉坚果或山毛榉油饼（山毛榉坚果榨油后的残渣）饲喂马和小牛。只需500～1000克这类饲料便能毒死一匹马：食用山毛榉坚果的马匹会剧烈抽搐、呼吸困难，最终死于窒息。

---

1. 木焦油也叫杂酚油，是对山毛榉焦油蒸馏后获得的，主要用途是作为木头防腐剂，从1800年开始逐渐用在医疗方面。

森林女王与树中王者间的永恒竞争

一

在提供可用的木材方面，欧洲山毛榉要逊橡树一筹：橡木的用途极为多样，与抗腐败性和持久性均较差的山毛榉木不同，橡木适用于造船和建筑的外部。此外，橡树还为人类提供橡实——一种重要的传统猪饲料。只有在作为燃料时，山毛榉木才能真正胜过橡木。

山毛榉木制作的铁轨枕木上覆有焦油防水层，可保护枕木40年不生真菌（山毛榉枕木的耐久性毫不逊色于橡木枕木）。直到人们发现这一点，山毛榉在林业经济中的重要性才得到提高。诸多林业企业将山毛榉木卖出了诱人的高价，山毛榉林的种植由此再次显得有利可图。1930年前后，人们砍伐的山毛榉木中，仅有一半被用作燃料，另一半则用于制作铁轨枕木和日用品，比如洗涤桶、晾衣夹、刷子、烹饪用的木勺等。这一情况后来又发生了剧变——由于新能源的出现，人们不再用山毛榉木做燃料。人类从石油中提炼出了制造塑料的原

料，日用品制造业由此经历了一场用料革新。

今天，山毛榉是重要的家具木料来源，山毛榉木被人们用于制作地板和台阶。山毛榉木是云杉木和松木之外另一种使用率较高的工业木料。此外，山毛榉木也是饱受追捧的特殊木料，用途众多。在已知范围内，山毛榉木的应用途径可达 250 种以上。

锦熟黄杨

Buxus sempervirens

　　提起黄杨，首先浮现在我们眼前的是这样一片树篱：圆滑、善变、柔顺、缺乏刚性。它唯一的任务就是保护我们的隐私，遮挡邻居的好奇眼光和过往路人的视线。我们也有可能想到公园中常见的被修剪成各种形状的灌木丛，乍看之下让人有些不快。它也会在墓园中出现，常绿的树冠被剪作球形，令人联想到永恒。黄杨热爱自由，喜欢长成紫杉树的形状，但只有极少数人能够认识到这一点。自古以来，黄杨都是法国和意大利城堡花园里的常客，园艺师们常用修剪得极其精细的黄杨作为花坛四季常绿的自然边线，园中花朵万紫千红，有了这层深绿色镶边的衬托方才趋于完美，但我们只是下意识地体会到这一点。

　　有些地方的黄杨树会长出带条纹的树叶，看来黄杨木也会尝试给自己增添色彩。通过基因技术，黄杨叶中的（一部分）叶绿素被去除，叶面就会出现白色的条纹。有时，黄杨也会遭到人们简单、粗暴的对待，被随便地塞进窄小的花盆中，在我们的花园里开始艰难的生活，熬过漫长的毫无慰藉的牢笼岁月。被修剪成树篱的黄杨绿叶繁茂，有时会让我们以为自己面对的是一片浓绿的密林，或是一座宏伟的六面立方体（建筑）。如果我们将手探进树篱，就会马上发现只有表面的枝条生有叶片，内部的枝条盘根错节、彼此纠缠，形成一个几乎与外界完全隔绝的幽暗、贫瘠的空洞，光线无法透入其中，洞中积蕴着永恒的阴影，犹如一具绿色的石棺。

人们将黄杨种植在墓园中，本是为了承载对永恒生命的期许，但谁能想到它内心深处是想要放弃永恒生命的呢？唉，我们又怎能为此责备它呢？

在蚂蚁的帮助下进行繁衍

—

在人类生活的环境中，黄杨很难发育成原本的模样。阿尔卑斯山以北的黄杨多为灌木，如果一棵黄杨无拘无束、自由自在地长成了乔木，它就会伸出枝条环抱住自己，直到彻底陷入一个椭球形的狭长树冠之中。

黄杨叶为革质，叶缘平滑无齿，长度近 7.6 厘米，有蜡质光泽，触感坚韧光滑，像冰凉的蜡烛。黄杨叶为椭圆形，上表面呈深绿色，下表面颜色较浅，略微发白，叶柄颇短，一根宽厚的主叶脉贯穿叶身，极其醒目，像一条又宽又直的河流。黄杨雌雄同株异花，与很多雌雄异花植物不同，黄杨的雌花和雄花共同生长于团伞花序之上。到了三、四月（有时要到五月），黄杨就会冒出一些小花序，其颜色在金黄至黄白之间，它们极其细小，毫不起眼，极难为人所察觉。黄杨的花序触感怡人，犹如小鸡的绒毛。花序正中坐落着三个闪闪发光的子房，这些子房被宽厚的花柱包裹在内，后者和黄杨叶一样泛着嫩绿的微光。黄杨的花药环绕四周，每根花药都托着四到六个花粉囊，左近的花瓣散发着蜡质光泽，有时会沾上细小的花粉，仿佛蒙上了极细

的金粉。平日里毫不起眼的黄杨将这些叶片装点得如此美丽，可惜这般没有哪种宝石能与之媲美的、细心雕镂的美景只能持续数小时。只有一些蚂蚁和敏感的蜜蜂懂得欣赏这份美丽，它们乐意造访黄杨的花朵——芬芳的团伞花序是极受蜜蜂青睐的蜜场。

令蚂蚁着迷的并非锦熟黄杨的迷人外观，而是黄杨果实爆裂时散发的诱人香气。九月，成熟的黄杨果实爆裂开来，每颗果实都释放出两枚乌黑油亮的细小种子。它们被蚂蚁抬起拖走，有时还会被带去很远的地方。这种依靠蚂蚁传播的繁殖方式在中欧的树种中是极为罕见的。

宽广的根系和皲皱的树皮

一

与紫杉树一样，黄杨长速极慢。既然象征着永恒，为何要着急呢？黄杨树需要约莫百年光阴才能定型，达到 8 米的最大高度。在大多数情况下，黄杨会长出多根主干，整体树围可达 30 米，令人惊叹不已。

黄杨树皮皲皱多褶，棕中带灰，常裂成许多小块。其心形根系极其致密，不向下钻掘，而是沿水平方向延伸。若黄杨长成小灌木，其下鲜有其他附生植物，但在乔木型的黄杨附近，或者黄杨灌木丛的开口处，常有其他植物共生，它们都是和黄杨一样的喜暖植物，诸如槭树、棠棣和欧洲酸樱桃。

小个子驱魔者

黄杨偶尔能在蚂蚁的帮助下成功逃离花园或公园,变成道旁的野树,或藏身山坡之下,过上无拘无束、静享自由的生活。

而黄杨林极少见,一只手就能数得过来。

在巴登-符腾堡州西南角,格伦察赫-维纶附近的一片自然保护区内,生长着数千株黄杨。杨叶是黄杨木蛾幼虫唯一的食物来源,2007—2010年,这些黄杨几乎被黄杨木蛾毁于一旦。到了2011年,当地人不得已向黄杨木蛾投降,并接受了失去欧洲最大、最古老的野生黄杨林的事实。令人吃惊的是,自2012年起,整片黄杨林开始逐渐恢复(其中不乏能长到4米高的大块头),以如今的情况来看,这片黄杨林幸存的概率极大。

在摩泽尔河畔及瑞士汝拉州与法国的交界处也生长着一些规模较小的黄杨林。黄杨的故乡在地中海地区,所以就整体而言,黄杨偏爱的还是地中海气候,像法国西南部、西班牙全境和欧洲东南部都是它

黄杨木蛾幼虫。

们青睐的栖息地。突尼斯、利比亚境内，以及高加索的黑海沿岸也都有黄杨分布。

黄杨叶和柳絮一样，都在棕枝主日[1]时被用于装饰棕榈枝。黄杨与宗教节日之间的联系让它也成为民间信仰中的重要元素：人们认为黄杨木具有驱魔的力量。希罗尼穆斯·博克[2]在其于1546年完成的《新草药志》中展示了一幅画有黄杨木的雕版画，画面中还有黄杨木雕避之不及的巴力西卜[3]。在棕枝主日的宗教仪式开始前，人们会先向神献上成束的黄杨枝条——人们可以从这些被神圣化的树枝上摘取五片树叶，将其加入牲畜的饲料，有驱虫避瘟之效；固定在屋顶下方和各个房间内的树枝则有避雷的功能。此外，人们还可以再留下一根黄杨枝，用其"作拂尘蘸圣水，于雷雨将近时洒向屋宇，亦可用于白事，滴祝棺中逝者"。威廉·曼哈特曾在1875年的著作《树与旷野的迷信》中对其做出相关记录。

黄杨生长极慢，木质极沉、极坚。黄杨木坚固、耐用又富于韧性，是匠人雕刻小件木雕和制作乐器时最常用的材料。而纹理细密的黄杨根更适合制作烟斗，也可用于镶嵌细木工。

过去，农家会于元旦聚在室内，进行占水问卜，每个家庭成员都摘取一片黄杨树叶，将其置于盛满清水的碟中。若某人放置的树叶在次日清晨仍然翠绿，他就有望在新的一年身体健康，而起了斑点的树叶则预示着重大疾病，树叶变黑则代表死亡。利用黄杨叶占卜的方式并非独此一种，今天从法国到保加利亚仍有此类习俗留存。

---

1. 棕枝主日是纪念耶稣受难前进入耶路撒冷城的宗教节日。

2. 希罗尼穆斯·博克是文艺复兴时期德意志的植物学家、医师和信义宗神职人员。他的著作《新草药志》涉及近700种植物。他将中世纪的植物学建立在观察和描述的基础上，开始了向现代科学的过渡。

3. 巴力西卜，又译为别西卜，天主教译为贝耳则步，原是腓尼基人的神，《圣经新约》中称巴力西卜为"魔王"，代表《圣经》七宗罪中的暴食。但是在犹太教拉比的文献中，巴力西卜这个名字也以"苍蝇王"的意思在使用，被视为引起疾病的恶魔。

欧洲花楸

Sorbus aucuparia

　　行人的目光鲜少在春日里的花楸上停留，它们敛声屏气地融入四周的环境，让你几乎觉察不出它的存在，就像一株灌木，既不见高大，亦不显雄健。花楸默默无闻地出没于植被稀疏的林缘地带，退到光秃秃的灌木丛里，有时，它依然会被人类发现，并被迫扮演行道树的角色。花楸抽叶极早，但这并不能帮助它吸引世人的目光。门外汉很容易将长着羽状复叶的花楸误认作小白蜡树，虽然两者之间还是有区别的：阳光透过白蜡树的枝叶，投射出美妙绝伦的光影，但由于枝形不同，花楸并不擅长这样的光影游戏。只有等到绚烂的果实挂上枝头，花楸才会露出自己的真实面孔，它的美丽于刹那间喷薄而出，情难自已，如火如荼。此外，花楸的羽状复叶也极其动人，这些复叶可达 20 厘米长、10 厘米宽。每片复叶的总柄上分别生有 9 ～ 17 片小叶，每片小叶可长达 6 厘米、宽 2 厘米。这些叶片呈椭圆形，末端极尖，叶缘有形状不规则的锐齿，叶片上表面色泽莹润、翠绿，下表面上有一层细细的茸毛，使本来有点单调的绿色更加突出。

叶绿无人识，花开动四方

一

四、五月，花楸的花季开始，第一批花蕾已经挂上枝头，成百上千株含苞待放的蓓蕾攒成一簇簇圆球。这时人们才会意识到，原来花楸并不简单。花楸巨大的圆锥花序上生有茸毛，每个花序上都生出200～300颗白嫩的花苞。它们不久便将绽放，向世人昭示它们的美好。花楸同其他花楸属植物，如欧洲山梨（Sorbus domestica）和野果花楸（Sorbus terminalis）的亲缘关系此时才显露出来，但花楸的花色更为纯净、炫目。花楸树龄五年即可开花，花朵属于两性花，每朵花兼具雌雄双蕊。

为避免自花授粉，同一株花楸上的雄蕊较雌蕊成熟略早。所以，更多时候，雌蕊只能接受饥饿的昆虫和风带来的其他树的花粉。雄蕊

从中高高耸立的雌蕊包裹着胚珠，一旦花粉降落在雌蕊的柱头上，便会通过花粉管进入胚珠内部，找到位于那里的卵细胞，将精子注入进去。

精子和卵细胞的融合开启了受精的过程：一枚同时继承了父树和母树遗传基因的、具有萌芽能力的种子便开始成形。这一奇妙得不亚于人类妊娠的生命奇迹已经重复过千百亿次。花楸的花朵直径不足1厘米，有花瓣和萼片各5片。一根根雄蕊（数量可达20根）排列得杂乱无章，纷纷从花蕊处探出头来；雌蕊鹤立鸡群，高高耸立在雄蕊丛中。雌蕊顶端生着柱头，花粉就是在这个柱头上实现受精的"对接"过程的。

娇柔的姿态

—

花楸寿命可达120岁，最高可达15米。当然，如果光照充足，独立于旷野的花楸甚至可以长到20米以上。为了生存，花楸在最初的20年里长势迅猛，其后停止生长，并一直保持着娇柔的树形。在许多家庭的花园里，花楸的婆娑树冠都被修剪成规整的圆形，但在自然情况下，它们的树冠是椭圆形的，枝叶较为舒朗，形状也不那么规则。它们不会用树枝将纤细的树干隐藏起来，而是斜指上空。年幼的花楸树皮平滑，颜色较浅，呈嫩绿色，随着树龄的增长，树皮会慢慢变成暗淡的灰色。树皮上散布的气孔为花楸叶的气体交换提供了另一种方式（另见"欧榛"一章）。

以上种种赋予了花楸娇柔的姿态，花楸貌似纤柔，实则扎根极稳，它的垂直根系能扎到令人吃惊的深度。花楸能够通过扦插法和根蘖分株法进行营养繁殖。

珊瑚红的花色

一

至少要等到七、八月之交的盛夏，平日里弱不禁风、毫不起眼的花楸才会突然变得极具魅力。生长于花序上的花朵早已完成受精，发育成成百上千颗小浆果，光泽红润，仿若珊瑚珠。这些直径不超过一厘米的小浆果数量极多，承载着它们的花序被压弯了腰，重重地垂下头。秋天，花楸的姐妹——野果花楸的叶片被染成火红色，花楸则在夏季赋予自己的果实（也就是我们常说的花楸浆果）以同样的颜色。

> "拥有一小片红彤彤似火燃烧、珊瑚珠般结满枝头的花
> 楸林是多么幸福！黑色的鸟雀飞来，进一步丰富画面的颜
> 色。它们像是来自童话故事里的生物，穿过纷飞的落叶，来
> 到我身边；它们随风降临，轻捷如风！"
>
> ——艾尔瑟拉斯克－许勒（ElseLasker-Schüler）

花楸果形似极小的橙子，内含三枚果核，在生物学中被归为"梨果"。花楸果是 60 多种鸟类和将近 20 种哺乳动物（狐狸、獾等）的重要食物来源。它们阻碍发芽的外皮被消化，而果实则在这些动物的腹中幸存，然后被排泄出来。只要运气足够好，它们就能在新的地方长成一棵花楸。在食物匮乏的冬日里，一棵花楸就是一座小粮仓，因为珍贵的花楸果会一直挂在梢头，直到来年。这让人不禁想起另一种树——紫杉，后者也会在枝头结满红艳艳的果实，乍看之下与花楸的颇为形似。事实上，这也是两者仅有的相似之处，花楸和紫杉在其他方面差异极大。花楸名称的由来也许可以追溯到凯尔特人的时代，这些操着

花楸在民间的别名超过 150 种，这说明它具有极其重要的文化意义。古日耳曼人会在祭祀地周围种植花楸。

一口流利的高卢语的古人称紫杉为"eburos"。很有可能是高卢语区的人们提出了"Eiben-Esche"一词。有一种理论认为，德语中的"花楸"（Eberesche）一词源于人造词"Aberesche"，就是说花楸是假的"Esche"（就像"Aberglaube"一词一样，"aber"表示假的，"glaube"表示信仰，完整的意思就是迷信），但这种理论是没有词源学依据的。

花楸和所有重要的果树一样，同属蔷薇科。花楸在全欧洲都有分布，东至西伯利亚西部，南至西班牙北部、科西嘉岛和西西里地区，重点分布于阿尔卑斯山地和阿尔卑斯山的山前地带，在海拔 2400 米的地方仍然可见它们的踪影。

用于捕鸟，对抗胃痛

—

花楸果是鸟类的美食，数百年来，人们一直把它当作捕鸟的食饵，还由此发明了种种精妙的陷阱。被禁止猎捕大型野生动物的村民通过捕鸟，极大地丰富了食物的来源。欧洲花楸的拉丁文学名"Sorbus aucuparia"也暗示了这层关系——要知道，拉丁文中的"aves capere"一词正是"捕鸟"的意思。

据说，德鲁伊的魔杖就是由花楸木制成的。也许正是因为它的细腻优雅和硕果累累时的美丽，让花楸成为德鲁伊教徒眼中的幸运树。花楸木深受雷神多纳尔[1]的眷顾，而雷神最喜爱的动物——山羊，也钟爱花楸叶。

花楸在民间偏方中也大有用武之地。花楸果有毒的说法是一个流传甚广的误会，虽然过量食用花楸果可能会导致消化不良，但其味道极苦，常人不可能一次性食用太多。

熬成果酱、制成果汁或果子冻后，花楸果在治疗胃病和消化系统疾病方面的疗效是毋庸置疑的。在这一方面，花楸和与它同属的姐妹的作用是一样的。从古希腊时起，花楸植物就被用于治疗肠道不适和痢疾（详见"欧洲野山梨"和"野生楸树"两章）。

花楸的树心有极其美丽的纹理，适合被加工成精美的工艺品。老花楸木质极坚，可与橡木比肩。早年间，人们用花楸木制作车轮。

---

1. 日耳曼神话中的雷神多纳尔（Donar）对应的是北欧神话中的索尔（Thor）。

树中死神

长街笼香雾，雾中花楸树。
红果敛血芒，死神梢头藏。
死手骨嶙峋，幽幽奏鬼琴。
筋络白苍苍，琴弦鸣铿锵。
骷髅银光灿，红果做花冠。

············

小儿行路旁，匆匆赴学堂。
辞赋满书囊，沉沉肩上扛。
天东有风来，吼啸扑面庞。
罡风何足惧？无畏少年郎。
年少胆气足，昂首履坦途。
前途长几许？口唱圣诞曲。
死神晦冥冥，树中隐身形。
闻歌忿不平，欲令歌声噤。
眼见小儿来，伸手掷花冠。
红冠从天落，少年仰天笑。
花冠我携去，逍遥戴发间！
半空闻啼鸟，群鸦飞上天。

——保尔·海泽

欧洲红豆杉

Taxus Baccata

欧洲红豆杉为永恒的气息所萦绕，像一团笼罩着十一月静谧森林的浓雾。欧洲红豆杉的树干时常形成树洞，肩上的长袍由浓密的针叶织就，树皮上有鳞片状的花纹，身上的每一根枝条都在摇荡，它就像一座发出幽幽低语的纪念碑，讲述着神秘的童话，让人身不由己地在树下驻足。一株老红豆杉能让光阴一点点浓缩，当世界停止转动，当下便成了唯一真实的存在。

易逝、死亡和永恒的符号

—

红豆杉身披针叶斗篷，在墓地的林荫路两旁夹道而立，缄默不言，不知曾有多少送葬队伍经过这样的道路。送殡者低头垂目，陪伴他们所爱的人走向永恒的安眠，红豆杉是韶华易逝、转瞬沦亡的象征，因而成为墓地里最为常见的树种之一。红豆杉周身死气氤氲，是的，它的确散发出死亡的气息！红豆杉周身气孔中散发出的不光有氧气，还有有毒的紫杉碱，这可是许多药品中的有效成分，能麻痹心脏和中枢神经，令人产生眩晕和不适感。无论针叶、树皮还是木质部分，红豆杉的每一个器官都充斥着这种神经毒素，只有包裹着种子的肉红色部分（假种皮）和微小的花粉没有毒性，后文也将对红豆杉的假种皮和花粉的特殊职责进行论述。

红豆杉中的毒素甚至可以通过动物的乳汁间接进入人体，这对儿童来说尤其危险。早在公元 1 世纪，古希腊医者迪奥科里斯就警告世人："不可在红豆杉的树荫下休憩，更不得在树下入睡，因为死神会在不久后降临。"

> 有人说，
> 我在针叶丛中嗅到的烟，
> 必会招来一场致命的眠。
> 可我啊，
> 却从未似眼前这般清醒，
> 你的气息使我醍醐灌顶。

安内特·冯·德罗斯特－许尔斯霍夫在这首诗中点明了紫杉碱的致幻作用。

柔软的针叶和坚硬的木质

一

出人意料的是，红豆杉也有舒适、宜人的一面——它的针叶又宽又软，触感柔嫩，并且一片针叶可以长留枝头八年不落。公园和墓地中的红豆杉因人为修剪而失却了天然风姿，它们或被修成树篱，或被剪成半球，或被削成骰子状，有时看起来颇为滑稽可笑。在没有人工修饰的情况下，红豆杉会长成一丛椭圆形的巨大灌木，像一只生满指头的怪手，破开虚空，兀自探入人世。红豆杉步入老年后，数根主干常会并拢，汇成一束，宛如一根单独的畸形主干。红豆杉状如赤褐铜锈的树皮是其标志之一，同时进一步强化了它威严、尊贵的气场。属雌雄异株植物，有雌树和雄树之分。

由红豆杉造成的最近一次有据可查的死亡事件发生在 2009 年，一名女大学生在备考期间饮用了由红豆杉针叶泡的茶，她或许错误地认为这种饮料有镇定安眠的作用。

红豆杉的雄花位于枝头细小的球状花序中。这些花序最多只有四厘米大小，只要温度允许，它们就会将微小的花粉托付给清风，这一进程通常发生于大多数落叶植物尚未抽叶的二、三月。在清风的吹拂下，轻若无物的花粉们在林间畅通无阻地旅行，它们通常会飞出很远，有的最终落到地上，有的则能找到一朵雌花，沾在授粉棒上。

红豆杉的雌花排列于直径两厘米的圆盘上，看起来毫不起眼。这些小圆盘沿着花轴生长在针叶的下表面。圆盘表面生着彼此覆盖的木质鳞片，鳞片包裹着胚珠。花期到来时，圆盘的顶端还会出现小水珠，小水珠在蒸发过程中将附于其上的细小花粉吸入胚珠——它存在的意义实现了：受精的奇迹已经发生。受精的雌花会发育成假种皮——一层包裹着种子的亮红色肉质皮层，颜色鲜亮，状如小型浆果，能吸引鸟类啄食。红豆杉的假种皮中糖分高达 20%，是红豆杉身上唯一无毒的部分。鸟类会将假种皮连同种子一起吞下，但种子不会被消化，而是在半途中被排出，红豆杉的繁殖就是通过这种方式得以实现的。

某些鸣禽（比如椋鸟和乌鸫，当然还有槲鸫）尤其喜爱红豆杉的繁密枝叶和柔软叶丛。在食物匮乏的冬月里，槲鸫靠槲寄生的果实和红豆杉的假种皮为生。槲鸫一旦相中了某棵树，就会奋力保护它。在这样的保护下，一些红豆杉的假种皮能一直红彤彤地挂在枝头，经过平安夜、除夕、主显节前夕，直到次年二月依然安好无恙，如一串串奇异的念珠。自打红豆杉幼苗见到第一束阳光，等待它的便是伴随它一生的挑战——红豆杉的一生极其漫长，可达数千年之久。由于红豆杉生长极慢，树龄10年的红豆杉只能长到2米的高度，而绝大多数红豆杉在此之前就沦为了野生动物的腹中餐。野兔、家兔和狍子似乎对其毒性全然免疫，如果红豆杉能侥幸渡过此劫，它就能在100年后长到20米左右的高度，但这100年对红豆杉来说依然充满冒险色彩。此后，它将停止长高，但它的横向发展将持续终生——这种成长若放在人类身上，一定是件痛苦的事情。

红豆杉木质极坚，不含树脂，年轮颜色极淡，肉眼难辨。红豆杉的直径长度刚一超过小孩的鞋长，其树干就会出现空心的现象。人们很容易把这一现象误认为是红豆杉的死兆，实际上，这是红豆杉求生

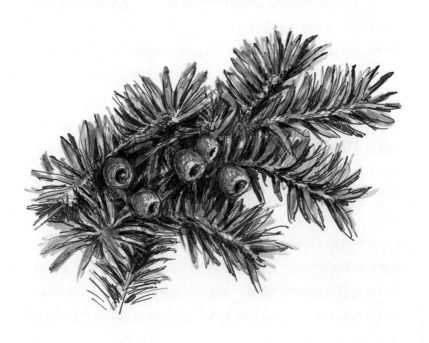

的策略。细菌的侵蚀让红豆杉正在老化的旧树干腐烂、朽坏，与此同时，中空的树心内会萌发出向下生长的新根，以便在旧树干中发育出新树干。经历这番遭遇后，红豆杉会变得弯曲多节，散发出它的独特气场：智慧深沉却衰朽易逝，伤痛悲苦却信心坚定，树立千载，连接永恒的岁月。红豆杉会不断地进行自我更新，单纯从生物学角度来看，没有内因能让红豆杉死亡。然而，这种周而复始的更新，让我们极难通过年轮推算一株红豆杉的确切树龄。红豆杉的根系非常强健，能伸向极深的地底。相较于向上方世界生长的意愿，红豆杉向地心深处扎根的欲望更为强烈。

欧洲的红豆杉林

一

在德国，红豆杉属于濒危物种，早在中世纪，红豆杉就已经近乎灭绝。因此，直到今天，我们还是很难在森林中见到它们的踪影，即便在机缘巧合下邂逅一两株红豆杉，也一定是在大树阴影的遮蔽之下。红豆杉的种类大约有十种，都属红豆杉科。红豆杉喜欢凉爽、潮湿的环境，比起开阔的林缘地带和明亮的林间空地，它们更倾向于在阴暗的环境下生长，比如远离阳光的森林深处。红豆杉极其耐阴，需要的光照量比其他针叶树（如松树）要低 2/3，对于土质则无特殊要求。红豆杉属常绿植物，枝叶极其繁密，是人们栽植树篱时乐于挑选的树种，我们甚至能用红豆杉打造整片的迷宫。有限的耐寒性决定了红豆杉的分布范围，它们喜欢凉爽的夏日和气候温和的冬天，需要较高的湿度和大量的雨水。大不列颠是红豆杉的乐土，但我们也能在布列塔尼、西班牙北部、阿斯图里亚斯以及爱尔兰地区发现红豆杉的踪迹。在德国，图林根州境内的红豆杉数量位居第一，但规模最大的红豆杉林则位于巴伐利亚州距韦索布仑的阿默湖不远的地方，那里至少生长着2300株红豆杉。全欧洲最大的红豆杉林位于瑞士，这片森林坐落在苏黎世附近的于特利贝格地区，不管您相不相信，此地生长着两万株红豆杉。

欧洲红豆杉是进化史上最成功的物种之一，1.5亿年来，它的形态从未发生改变。红豆杉从人类存在开始就参与了人类历史的书写，毫无疑问，对人类而言（尤其对身居北半球的人而言），红豆杉是最具意义的树种之一，它象征着对起源的追寻、对庇护的渴望、对意义的求索和通往永恒的门户。尽管身怀剧毒，但在诸多历史时期，它仍被当作神圣且用途广大的守护之树。

毒箭和护身的魔法

—

图林根州境内有一个名叫安格尔罗达的小村庄，根据路德维希·贝希斯坦的记载，直到19世纪，该地村民仍将红豆杉木扎成十字架，试图将一个邪恶的矮人部族逐出"卡摩略舍"（Kammerlöcher）——那里属于喀斯特地貌，遍地奇石怪岩，无数逼仄的凹穴、曲折的石缝和幽深的岩洞散落其间。

在古典神话中，复仇女神们的火炬便是用红豆杉木制成的，通往冥府的大路两侧也生长着红豆杉，这与如今现实世界中的墓园林荫道简直是两个并行而生的世界。

凯尔特人眼中的红豆杉神圣、崇高至极，就连"凯尔特"这一名称都由红豆杉演变而来，艾弗尔山以北的凯尔特人将"Eburonen etwa"（"eburo"在高卢语中意为红豆杉）视作亡灵树和众神的居所。尤利乌斯·恺撒曾谈起凯尔特部族的一些行径：他们将红豆杉的针叶熬成汁，用其涂抹箭头，被这种箭射中的敌人会在受尽折磨后死去。

直到现在，仍有不少人相信红豆杉具有守护的魔力。"紫杉木前，妖法不行！"——这是施佩萨特地区口耳相传的俗谚。当地人还喜欢将红豆杉木制成护身符，贴身佩戴，人们相信红豆杉木能抵御邪魔和恶咒。

直到现代，人们依然会利用基督徒墓园中的空心红豆杉，如在树洞中搭建祭坛，用活树当神龛（基督徒的敬奉[1]）。基督教在这方面竟然能和曾经遭受残酷镇压的凯尔特拜树异教和谐共存，不得不说是一种奇迹。

致命威胁，人畜皆杀

－

红豆杉木质坚韧、耐磨，曾在数千年的时间里被人制成标枪、长矛、弓箭等武器。早在石器时代，人类就已经学会利用这种奇异树木的坚韧特性。人们曾在大不列颠发现一件由红豆杉木制成的长矛残片，据估计，这杆长矛已有 30 万年左右的历史。生活于 5000 余年前的冰人奥兹带着红豆杉木弓走入了冰冷的坟墓。后来历史上又出现了一种极其有效的远程武器——"英格兰长弓"，这种武器往往能决定战场上的胜负。人们对红豆杉木的需求因此也水涨船高，到 16 世纪末，巴伐利亚地区和奥地利境内的红豆杉几近绝迹。

据纽伦堡地区的相关记载显示，仅在 1560 年，该地区就向英格兰出口了约 36000 张长弓（最大长度 2 米）。除个别具有宗教意义的植株外，该地区已无红豆杉存在。16 世纪的弓箭比之前的射击武器更为致命，其箭矢可洞穿甲胄，穿透力甚至超过火药（当时的火药通常

---

1. 敬奉（Heiligenverehrung）是一个纪念圣人（非凡者）的特别活动。该活动在东正教会、罗马天主教会，有时也在圣公宗成员中举行。

湿度过高，效果不佳）。不久，全欧洲的红豆杉消耗殆尽，自此之后，人们不得不开发和推行制造热兵器的新技术。

马、牛和绵羊都喜欢嚼食红豆杉的柔嫩针叶，而其中的毒素对它们来说又是致命的威胁，因此，在当时的历史条件下，长期栽植成片红豆杉的想法难以实现。

近些年的研究刷新了我们的认知，让我们从新的角度开始思考红豆杉濒危的缘由：对花粉的分析似乎能够证明红豆杉林的减少与中世纪时期的人类活动并无关系，山毛榉才是真正对红豆杉构成威胁的存在，红豆杉显然没能抵挡住因榉树林扩张而带来的巨大压力。

昔年杀人无情，而今妙手回春

–

希腊语中的"Toxon"一词意为"弓箭"，而"Toxikon"却为"毒药"之意。红豆杉植物学学名中的"Taxus"便是由此派生而来，而后半部分"Baccata"则描述了悬挂着浆果的树枝。在民间，红豆杉亦有"弓箭树""亡灵树"等俗称，其间的关联不言而喻。

红豆杉含有毒性，因而在民间医药中应用范围较为有限——唯有宾根的希尔德加德[1]对其赞誉有加。近年来，人们开始用欧洲红豆杉的新叶提炼一种有效的治疗癌症的药物。化学家们已经成功地从红豆杉的枝叶中萃取出紫杉醇，用于治疗乳腺癌等疾病。

---

1. 宾根的希尔德加德（Hildegard von Bingen，1098—1179），中世纪时的德国神学家，天主教圣人，曾担任女修道院院长，同时也是哲学家、科学家及博物学家。

夏 橡 [1]

Quercus robur

亚瑟·叔本华完成巨著《作为意志和表象的世界》时，脑海中浮现的形象一定是一株橡树。叔本华在 1819 年写满了 800 页纸，他在试图表达什么？没有什么比橡树更能清晰地描绘哲人当年的思想了。橡树树姿雄浑、苍劲，光是立在那儿就透出崇高和威严的气质，外表刚健顽强，内在活力充盈，它凭借充沛的生命力向四周的空间舒展枝叶。以上种种，都体现了橡树借以活在当下的力量。橡树向外散发着一种意志力，这种力量是如此强大，清风无形无质，与这股力量较量后也只能无奈折回。风拂橡树，枝叶振动，势如拍岸惊涛，声如呼号巨浪。椴树余韵袅袅，清和绵软；桦树沙沙簌簌，活泼轻佻；栗树如

---

1. 关于本章需要着重说明的是，在原文中，章标题是 "Stiel-Eiche"，下面有拉丁语注释 "Quercus robur"，因而译为 "夏橡" 或 "欧洲有柄橡木"。而在德语中，"Eiche" 的意思又是橡树。在正文中，除了标题有 "Stiel-Eiche" 以外，通篇都以 "Eiche" 相称，在德语中仅仅是 "一字之差"，而在中文中出现了 "夏橡" 和 "橡木" 两种不同的称谓，因此译者在此只道出行文中的差别，不再做深度区分。

泣如诉，柔情似水。橡树的叶声却独树一帜，不与众树同列。它用无声的言语向我们讲述这种不顾一切的意志，这种去生活、去存在的强烈欲望。根据叔本华的说法，这种意志存在于万物之中，每一根茎草、每一朵花、每一块石头都是这种意志的体现，但橡树或许是这种意志最清晰的表现形式。设想一株历经数百年沧桑的高大橡树而今伫立在你我面前，试问，世间还有何物能比这株橡树更加沉稳、果决？橡树散发出无形的气势，这股强大的势能远远超出它自身形体的束缚，凡是这气息所及之地，都是橡树的领地。橡树是对生命吐出的、一个斩钉截铁的"是"字：橡树的存在就是为了存在本身。

> "树离不开树液，就像人缺不得灵魂；灵魂释放出力量，
> 就如树木伸展出枝条。认知好比葱茏的枝叶，意志好比花
> 朵，气质好比初绽的新芽，理性好比熟透的果实，而头脑则
> 好比向四面八方伸展的巨树。"
>
> ——宾根的希尔德加德

树中王者

-

山毛榉科（Fagaceae）是一个有着900多名成员的大家族，而在德国的土地上，橡树或许是山毛榉家族最著名的代表。山毛榉被视作"树中女王"，橡树则被誉为"树中王者"。栎属（Quercus）植物超过500种，论品种丰富，本土的落叶树中没有谁能与之媲美。

橡树叶生着波浪形的边缘，清风一起，众叶随风飘摆，其姿态鲜明、独特，难与旁树混淆。对于所有落叶树而言，抽叶都是一项艰苦的使命。树木需要从土壤中汲取大量水分（及水中的营养物质），并将这些物质泵上高处，输进四散的枝杈中，这一进程的耗时长短因落叶树木

质结构而异。具有多孔年轮木质结构的树木（如橡树）在输送水分时，只能利用最外层的新年轮，这些年轮必须在春天做好准备。春天来临时，橡树四周的众多草木已经抽叶发芽，而它还光秃秃地伫立着，看似无所作为。但这只是表象，橡树已经从内部忙碌起来，正在咕嘟嘟地向上泵水。橡树正在快速地为抽叶做准备，这项工作需要消耗大量能量。橡树到暮春时节才开始长叶，属于落叶树中抽叶最晚的一批树种，其抽叶远远晚于榉树，但稍早于白蜡树和胡桃树。

数百年来，农夫们都没有辜负橡树的慷慨馈赠，他们会在广袤的橡树-山毛榉混合林中放牧。一种草质较差的人造草场由此产生，它既是草场，也是森林。

橡树的叶片长度可达 12 厘米，叶端呈圆形，叶柄极短，叶片上表面呈鲜亮的浓绿，下表面颜色稍浅，强健的叶脉略带细毛。橡树树龄可达千年，高度可达 40 米以上，并且主干较长，在高处才进行分叉，枝条粗如人腿、弯曲盘绕、姿态如蛇，在齐人胸口的高度，树干直径可达 3 米。

橡树如此醒目，绝不会被周边的景色淹没，因而时常被视作守望者，它以慈悲王者的姿态高居众生之上。橡树姿形奇特，近乎执拗，主枝弯曲多结，伸向四面八方，庄严、雄伟又变化多端。其树皮呈浅灰色，表面布满指节深的纵向凹痕。它不可见的部分——树根，庄严雄伟，毫不逊色于地面上的可见部分，其垂直根系扎得极深，甚至能够穿透坚硬的黏土层。橡树重量可达 30 吨，是货真价实的自然奇迹，坚牢的根系能确保它站得稳固，很少被风暴吹断或刮起。

"橡树为无数德国家庭提供了摇篮和坟墓。有人说，橡树是树中至强者，这种说法不算错误，但它与"大象是兽中之王"的论调并无二致——两者其实都是脆弱的生灵，需要保护，需要成长的时间。橡树和大象发育成熟后固然雄健、伟大，但不是每只小象都能长大，也不是每棵橡树苗都能成材。"

——特奥多尔·莱辛[1]

_1._ 特奥多尔·莱辛（Theodor Lessing, 1872—1933），德国犹太哲学家。

栖于长柄的不起眼花朵

—

橡树是雌雄同株兼雌雄异花植物，同一株橡树上开放着雌雄两性花朵，但同一朵花中不会兼具雌雄生殖器。结节状的雄性花序长度接近 10 厘米，外层包裹着不起眼的黄绿色花被。这些花序生长于橡树嫩枝的底座上，它们几乎总是与新叶同时出现，有时甚至出现得比树叶更早。每朵雄花分别生有 6 根雄蕊，雄蕊制造花粉，再将花粉交于春风之手，任由后者将它们带去远方。雌性花序坐落于嫩枝末梢，最长可达 6 厘米，每个雌性花序上生有 2～3 朵淡红的单花（最多可达5 朵）；到了九、十月间，这些雌花便发育成果实——这便是每个孩子都知道的橡果。"欧洲有柄橡木"（或者叫"长柄栎""夏栎"）的果实悬于长柄末端，这就是这一名字的由来。

诸多动物的美餐

—

橡木是对生命喊出的、斩钉截铁的一个"是"字。橡树给无数生灵提供了住所和食物，这是难以估量的善举，是对这个"是"字的完美诠释。有上千种生物以橡树为食，橡树甚至是其中一部分生物的唯一食物来源，多种蝴蝶幼虫以橡树树叶为食，还有多种甲虫在橡木中结蛹。松鼠以橡子为食这个说法是一种常见的认知错误，事实恰好相反：这些活泼的小生灵其实不能很好地消化橡子。在德语中，"松鼠"（Eichhörnchen）一词的前缀"Eich"其实指的并非"橡树"（Eiche），而是源于古德语中的"aig"一词，意为"灵巧"或"敏捷"。但一些瘿蚊和鸟类则离不开橡木。树中王者对动物界做出了极大贡献，没有其他树种能与之媲美，橡树为世界献上了自身的存在，由此也让世界得以存在。

橡树几乎在全欧洲都有分布（南部地区除外），山地的橡树甚至可以在海拔 1000 米以上的地方生长，随着全球变暖，它们还会向更高的海拔蔓延。橡树是生物进化史上最成功的物种之一，1200万年来，它的形态从未发生改变。它是人类历史最忠实的陪伴者之一。或许我们可以换一个更恰当的说法——虽然比起橡树的历史，人类的历史要短暂得多，但人类更中意在长有橡树的土地附近安居乐业。

橡树叶片的背面生长着栎瘿[1]，一些瘿蚊在叶底产下的受精卵导致了这些瘿瘤的产生。从公元前 3 世纪起，人们就用栎瘿制作利于永久保存字迹的墨水，这种墨水迄今仍在应用。

---

1. 栎瘿（Oak apple or oak gall），即栎五倍子，是栎属植物中常见的一种大而圆的、苹果状的瘿，一般长度为 2～5 厘米。实际上，这是某些瘿蜂为了孵化幼虫而注入树干中的化学物质所造成的，幼虫将以栎瘿的组织为食。

神圣的橡树林

—

传说中，古希腊神话中的众神与凡人之父宙斯乃多多纳的橡树树灵化生而成的，多多纳是古希腊文化中重要的神谕之地之一[1]。1000多年的悠悠岁月中，古先知们在这片圣地上做出了诸多预言。他们倾听风吹橡树树叶的簌簌声响，也聆听繁枝间传出的鸽子叫声，试图从中领悟神谕。

早在石器时代，橡树就被人类委以重任。彼时，人们用"树棺"装裹去世的部落领袖、祭司等——沿纵向剖开橡树树干，将其挖空，制成棺椁。数千年后，橡树又被祭献给塔拉尼斯——凯尔特人信仰中的天空主宰者和气象之神，手持象征天威的雷电楔子。这也足以解释，为什么古日耳曼人会向他们的暴风雨之神多纳尔奉献同一种树木。后者不是旁人，正是北欧神话中的雷神索尔，他投掷闪电，威能浩大，无所不至。

橡树曾扮演与椴树相同的角色。直到中世纪，人们仍在橡树下开庭审案。无数村子的中心广场上都生长着当年的"法庭橡树"，直到如今，许多村民的日常活动仍以这些树木为中心展开。

现实中，橡树遭遇雷击的概率的确相对较大，民间信仰中极其重要的雷电符文也由此而来。遭遇雷击的树木，终身都会带有长条形的缺口或凹痕。古人选取这类木材，将其雕琢成楔子，再另选一棵活树，将楔子钉入树身，以期转移他们的足痛风（详见"苹果树"一章）；牙疼患者也可通过用力咬嚼橡树树皮来缓解症状。

有时我们会在意料不到的地方邂逅橡树，见证其绿叶在风中振动

---

1. 多多纳的考古遗址中也发现了公元前7世纪伊利里亚人的献祭物品。直至约公元前650年，此处一直是北方部落的宗教和神谕中心。多多纳被用于献祭给母神狄俄涅（在其他遗址中称为瑞亚或盖亚），而在信史时期，此处亦用作献祭给宙斯。

的壮观情景。我们常在许多古老教堂的柱头上发现一种怪异的雕饰，即所谓的"绿人"——他在祭坛上方的拱顶石上现身，从屋顶、石柱、门把手、拱门的门楣以及滴水嘴（石像鬼）上探出头，向下凝望。他的面孔周围常常环绕着槲寄生的叶子，面庞上则覆满橡树叶。"绿人"的起源如今已不甚明确，有人猜测其原型为古罗马的森林神西尔瓦努斯。所有关于"绿人"的神话传奇都有一个共同点：这些故事都涉及生命的凋零、死亡、战胜死亡以及重生。"绿人"象征着生命的永恒轮回及人与自然之间的紧密连结。他是蓬勃生命的代言人，身为植物之神，他代表的不是植物，而是生长。

闻名遐迩的橡木桶

一

橡树周身带毒，食用未成熟的橡子会使人上吐下泻，这是因为其中含有大量鞣酸。由于鞣酸也具有医用价值，数千年来，栎树作为医用植物备受赞誉。人们主要用它来治疗消化系统疾病、痔疮和湿疹。

一些橡树品种极其适合制作酒桶，橡木释放的鞣酸能赋予发酵中的葡萄汁可口的涩味。只有在冬季砍伐的橡木才适合制作酒桶，因为在寒冷的冬季，橡树的气孔会闭合，这可以防止木桶中的酒液渗出。

早年间的车匠们选用欧洲长柄橡木打造车毂、轮辐和轮圈，甚至整套底盘和车厢。直到今天，人们仍用坚硬、耐久的夏橡制造犁头和各种工具的手柄。欧洲长柄橡木坚固、耐久，在建造汉堡的仓库城时也派上过大用场。1880—1927年，人们在数千根欧洲长柄橡木桩上，建起了这座仓库城。

20世纪90年代中期，德国政府决定在国会大厦和总理府门前栽植数百株沼泽栎（其故乡位于北美洲，并非土生土长的德国树种）。这一行为背后的理由至今仍不清楚，但人们当时显然很避讳这一植物的原名。这是因为，"沼泽"一词会在政治语境中唤起诸多联想。于是，"沼泽栎"也简单粗暴地变为"施普雷栎"[1]。这一生造词体现了德国政客的想象能力。

---

1. 施普雷河是流经柏林的一条河的名字。

野生楸树（野果花楸）

Sorbus torminalis

　　白日渐短，傍晚，从风的声音里可以预见即将来临的寒冷夜晚，这个声音以一种充满预兆的方式响起。残夏在森林中泼洒穷极人类想象的斑斓色彩，森林中的漫步者奋尽全力，挺身抵御寒风。他徒步林间，听见干燥的叶子在脚下沙沙碎裂，碎叶声与山毛榉果实开裂的咔嚓声，以及松枝折断时的脆响融为一体，不分彼此。森林蒙眬地睡去，最后几声鸟啼在空寂的林间回荡，不知何处有一枚晚熟的栗子落进松软的泥土。他呼出胸间郁气，任其扶摇升空。此时，秋天于山丘上栖居，像凉爽的手掌触上了他发烫的额头。千般印象、万种感触悉皆汇入一幅图景。那是一幅油画，人们在画中找回了自我，新画上的油彩彼此渗透，水乳交融，不愿干结凝固。漫步者心头忽然升起一种难以描绘的感受，只知感叹造物的奇迹。换上秋色盛装的野楸树展现出它独一无二的美丽模样——红热发亮，如西沉的斜阳。这美景令人心悸，生怕那楸树经风一吹便燃烧起来，在漫步者面前化作烟尘，随风飘逝。野楸树橙绿相间的搭配令人始料未及，兼有黄色的无穷变化，再加上锈红和深褐，种种颜色混而为一，每片叶子都是一朵火焰，撩动心弦，似欲择人而噬，再无其他阔叶树能创造出这般奇观。眼下，野生楸树在德国极为罕见，只有极少数人能有幸偶尔欣赏到如此美景，许是在道旁，大多数时候是在村落附近，但在森林深处，此等美景几乎已绝迹。

野生楸树是分布于德国境内的四种花楸属植物之一。但我们美丽的 Else[1] 却生活在它的兄弟姐妹的阴影之下，它们是欧洲山梨、欧洲花楸和白面子树，每个都比野生楸树著名得多。白面子树是"树中的灰姑娘"，貌美却不为人知，每当夏日结束后，这份美丽才得以展露。林中的野楸树会出落成 3 米高的乔木，树干纤细笔直，树冠形状狭长，指向长空——从这一点来看，它与欧洲山梨非常相似。而在少有竞争、没有旁树争夺阳光的空旷环境里，野楸树要长到 20 米方才满足，它用力地将树冠撑成半圆状，远远望去，宛如地平线上的落日。

在树叶尽脱的灰暗冬日里，野楸树的树皮令人很容易将它和小橡树弄混。裂成小块的惨白树皮令野楸树免于死亡之厄运，因为人们曾种植橡树纯林作为草质较差的牧场，橡树以外的其他树木都需要被剔除。直到 30 岁左右，野楸树表皮会分裂成毫无规则的形状，并由此变得独特且不易同其他树种混淆。野楸树的自然寿命在两三百岁之间，很少有风暴能够提早终结其生命。野楸树几乎从不知

---

1. 野生楸树的德语名为"Elsbeere"，作者在文中给它起了个昵称"Else"。

道被风拔起的滋味，因为它的垂直根系入土极深，两米以上的深度也并非罕见；野楸树根也会朝水平方向生长，延伸范围常常超过树冠的面积，这就是为什么花园里的野楸树需要极大的空间。对土地而言，这种巨大的空间付出是值得的，因为野楸树会以它坚定不移的特性作为回馈。

楸树叶：橡叶和槭叶的混合

—

野楸树于四月中旬开始抽叶，叶片呈嫩绿色，叶缘平滑无齿，于五月底达到 10 厘米的长度。乍看之下，楸树叶的形状与橡树叶相仿，与槭树叶更是近似，但楸树叶呈卵型，叶有分叉，且排列方式不是一对一对整齐排列生长的。

五月末至六月中旬，待树叶长成后，野楸树便会直接开花。花期里，一株独立于旷野的楸树就像一座由白花堆成的大山，壮丽无比。很难想象，数月之后的野楸树会以何等壮丽、丰富的色彩令人倾倒。

野楸树雌雄同株，伞房状花序中兼具雌雄两性花朵。这些聚伞花序风姿绝美，每穗花序上生有 30～50 朵小花，这些浅白色的花朵生有长梗，直径在 1～2 厘米之间。诸多昆虫、甲虫和蜜蜂也被这种风流所倾倒，野楸树的花是它们丰盛的宴席，它们心甘情愿为野楸树传粉。

六月下旬至九月，野楸树的果实逐渐发育成熟。这些果实不会自行掉落，而会在树梢长留不落，有些甚至能待到次年。野楸果形状狭长，长度可达两厘米，起初色呈青绿，继而黄中透红，熟透的果实则转为深褐色，直到此时方可入口，此前这些果实非常酸涩，会麻痹食用者的整个口腔。

盲目飘飞，传播广远

鸟类是野楸树种子的搬运者，为野楸树的传播繁衍立下了汗马功劳。各种鸠类尤其青睐楸树的浆果，它们吃掉果实，排出（且仅仅排出）其中的种子。野生楸树选择了和其他一些树种一样的繁衍方式，它们不仅用果肉包裹树种，还在种子表面覆上一层极纤薄的保护膜。这层薄膜一方面能提高果核在露天环境中的耐久性，另一方面却是种子发芽的阻碍——只有在鸟类的消化道中，这层薄膜才能溶解。随后它们被排出体外，任凭命运将它们带到某个新地方，在那里很快生根发芽，茁壮生长。

同其他花楸属植物一样，野楸树也能通过其他方式进行繁衍。其分蘖能力极强，常通过扦插法和根蘖分株法萌发出土，以这些方式繁衍长成的野楸树比通过鸟类传播繁衍的更为常见，它们长时间处于母

树的阴影之下，享受母树的庇护和营养供给。

年岁尚轻的野楸树只需较少的阳光便能正常发育，这一情况会在树龄 30 岁左右发生改变。此时野楸树已经足够高大，能与旁树竞争。

亲近橡树的野楸树

–

与其他许多品种的果树一样，野生楸树也是蔷薇科（Rosaceae）大家庭中的一位代表成员。德国境内的野楸树主要集中在南部，中部和西部分布相对较少。在某些联邦州，野楸树属于濒危物种。

野楸树常与橡树比邻而居，野生的野楸树仅分布于橡树纯林或橡树 - 鹅耳枥混合林中（当然也有少数例外）。海拔 700 米以上的高山并不适合野楸树生长，它们更喜欢干燥的土壤，但整体而言需要良好的营养供给。欧洲能够满足这种条件的地方，主要有法国、意大利和整个巴尔干地区。野楸树总是独自出没，或者三两结伴，从不形成整片森林，上文描述过的两种繁衍方式（鸟类传播和根蘖分株）导致了这种现象。

德国联邦食品及农业部推行过一项计划，参与者们按照计划的要求，于 2010—2013 年清点了德国境内自然生长的野生楸树数量，统计结果恰好为 8 万株。野生楸树于 2011 年当选为德国年度树木，但这并没有让它的种植面积得到实质性的扩大。

古典时期常被提及，但声名从不显著

–

同果实较大的山梨树一样，野楸树在古希腊时期便已为人所知。据推测，埃雷索斯的特奥弗拉斯特不仅曾于公元前 3 世纪详细描写过山梨树，还曾将野楸树收录进《植物志》中，只是没有为野楸树命名。他将其汁液的味道描述成"如欧楂一般"，同时还告诫人们不要奥地利境内有大规模人工种植的野楸树，20 余个县联合组成了一个"野楸树王国"。当地人将酸涩的楸树果实誉为"野果女王"，用其酿造一种名贵的烧酒。这种被称为"白兰地烧酒"（Odlatzbiarschnaps）的果酒具有杏仁泥的香气，数百年来在西维也纳森林地区享有盛誉，常以数百欧元的高价出售。

将野楸树和山梨树弄混。

之后的数个世纪中，有许多作者（从老加图到凯尔苏斯，再到迪奥科里斯）描述过花楸属植物。然而，我们至今仍不清楚他们提及的究竟是哪种植物。可以确定的一点是，不断向外扩张的罗马人和负责传道的修道院将野楸树带进了日耳曼文化区。公元 9 世纪，一位名为斯特拉博的修道院院长在其名为《园艺之书》（*Hortulus*）的著作中提及了野楸树的医用价值。

野楸树的德语词"Elsbeere"首见于 1526 年，马丁·路德在致友人阿格里科拉的一封信中这样写道："……拜托你，把那种小欧楂多给我们寄来些。它在德语里叫作'Elsbeer'（即野楸树的单数形式，复数为 Elsbeere），我的凯特[1]看到这些果实后吃得狼吞虎咽的……"

凯特女士想来不是为了满足口腹之欲才青睐这些果实的，而是因为它们能够治疗腹泻和胃肠道疾病。

对抗痢疾和霍乱的美丽野楸树

—

据推测，德语中"漂亮的野楸树"（schöne Else）一词由西班牙语中的"楸树"（Erle）（"alsio""altz"或巴斯克[2]语中的"aliza"都是楸树的意思）演变而来。法语中的"野楸树"（Alisier torminal）则是上述

---

1. 卡特琳娜·冯·博拉，路德的妻子及得力助手，"凯特先生"是路德对她的爱称。

2. 西班牙东北部一自治区。

　　来自斯特拉斯堡的印书者戴维·坎德尔为我们提供了这幅木刻版画。然而，画面展现的情况与现实似乎恰好相反，观画者很可能会以为食用野楸果导致了腹泻，这与有关野楸果会产生疗效的描述恰好相反。

推测的又一旁证。野楸树的别名"torminalis"（形容词）点明了这一植物的镇痛作用。在路德给阿格里科拉写信的 20 年后，希罗尼穆斯·博克在其著作《草药志》中首次详细记载了野楸树的收敛作用：野楸树是用于治疗痢疾和霍乱的良药，因此在民间也有"痢疾树"的俗称。

价格高昂的水果烧酒和珍贵的木料

—

近年来，在奥地利等地，人们用野楸树浆果制造一种极名贵、价格高昂的水果烧酒，这种酒精饮料常以数百欧元一升的价格出售。前文提及过的杏仁泥香气是其标志，这种芳香源于野楸浆果的果核。"榨碎果核"这道工序极其重要，因为只有经过这个步骤，果核内部的物质才会溶解，释放出苯甲醛、苯甲醇等物质。此外，酒液还会在发酵过程中产生乙醛和氰化氢，以上种种物质的混合产生了杏仁的香味。这种名酒在奥地利的酿造史至少可以追溯到 150 年前，但其历史或许还要更长，最初可能更多是用于自饮而非出售。野楸树果实的采集极其费工、费时，且无法机械化。这一过程十分辛苦，采集者需要爬到 10 ～ 12 米高的梯子上采摘果实；要摘净一株结满果实的野楸树需要四个男劳力工作 3 ～ 4 天。此时的酒桶中，将有多达 150 ～ 200 升果浆正经受小火慢煨，这些果浆足以蒸馏出 6 ～ 12 升纯度高达 50% 的野楸果烧酒。由此看来，野楸果酒成为最名贵的烧酒之一并不是没有道理的。除果实外，野楸树的木材也是今天最受追捧、最昂贵的木料之一。野楸木常在珍贵木材交易所（珍稀木材招标会）中卖出高价。一立方米的野楸木可卖出五位数欧元的价格。野楸木质地沉重，气孔细密，以高密度著称，同时极其柔韧、耐用。早年间，它是用于制造纺车的木料之一。时至今日，野楸木仍是乐器制造业中不可或缺的材料（比如用于制作高品质的风笛）。乐器匠人也常用野楸木制造型号较小的笛子，人们认为其音色明媚、清亮。人们曾用野楸木制作轴压机滚轴和水轮转轴，也用其制作眼镜、听诊器和木质螺丝。用其制作的葡萄酒压榨机的轴，可在酒农手中历经数代而不坏。在希罗尼穆斯·博克的时代，野楸木也是极受青睐的烧火材料，这在如今是不可思议的，因为现在它们价格极高。

欧洲白蜡树

Fraxinus excelsior

赫尔曼·黑塞曾满怀深情地谈论栗树枝叶间的清风，其实他本可以用同样的情意歌颂白蜡树枝叶间的光影。清风拂动白蜡树的羽叶长袍，阳光仿佛坠入叶之罗网，这场光影游戏令人心生错觉，以为阳光正与树间阴影在捉迷藏，并试图将黑影擒拿到手。白蜡树开始了一段热情洋溢的舞蹈，每一道接触树身的阳光都是白蜡树的舞伴。经历过羽状复叶间的千百回折射后，阳光变得温柔怡人，不再刺眼炫目。白蜡树用柔光为自己编织了一件长衣，将它贴身穿上，树下的一切都被柔和的微光所笼罩。

20世纪20年代，瑞士正在修筑歌德堂[1]，应鲁道夫·施泰纳[2]的要求，人们在室内竖立了七根木柱对应天体，其中白蜡木柱象征太阳。

---

1. 歌德堂位于瑞士多纳赫，是人智学世界中心，以约翰·沃尔夫冈·冯·歌德的名字命名。

2. 鲁道夫·施泰纳（Rudolf Steiner，1861—1925），奥地利社会哲学家，人智学的创始人，用人的本性、心灵感觉和独立于感官的纯思维与理论解释生活。他潜心研究科学，编辑了歌德的科学著作。

有人说，白蜡树下从无黑暗。新月初上，白蜡树的树冠下银辉弥漫，充斥着奇妙难言的气息，似乎是在向世人证实上述传闻。白蜡树在白天被献给太阳，到了夜里，它又被称作月亮的秘密姐妹；月亮模仿着太阳的举动，它不光反射日光，还将其驯服：金色的光芒被染作银色，被赋予全新的特质，饱含智识、深沉和信赖。白蜡树心怀感激地啜饮着由柔光酿成的琼浆，摇动的枝叶也沐浴其中；白蜡树满怀爱意地向外散发光辉，这光辉遍照白蜡树的国度，直到最后在晨露中熄灭。

作为木樨科家族的成员，白蜡树与600种左右的植物有亲缘关系，其中的大部分来自南部地区——除橄榄树外，还包括丁香、女桢和连翘。因此，白蜡树也展现出德国植物少有的一些特征，或许这就是白蜡树常与光明和太阳相关的原因所在。

造物的真实馈赠

一

白蜡树爱在近水处落脚，也喜欢在树种丰富的河谷森林和混合森林中定居。此外，溪沿和河畔也能成为它们的家园。它们十分享受桤木和柳树的陪伴，常与它们共生；干燥的地区并非它们的理想栖居地，它们会退出这类环境，将其让给更为强悍的榉树。白蜡树极易辨认，形状独特的羽状复叶是其标志。白蜡树要到春天才生出叶芽，在德国本土树种中属于抽叶最晚的，或许和胡桃树抽叶的时间相仿，但晚于橡树。其羽状复叶由15片以内的狭长叶片组成，总长近40厘米；白蜡树叶形如柳叶刀，长度可达10厘米以上。在明净的夏日里，白蜡树舒展着深绿色的叶丛，指向蔚蓝的晴空。到了秋天，众树换上五光十色的锦衣，争奇斗艳，而白蜡树的落叶依然青绿（最多转为朴素的黄白色）。白蜡树的叶片中含有丰富的营养物质，腐烂甚速，对匍匐穿行于树下的种种生灵而言，这场落叶是一番祝福、一次馈赠。

即便叶片尽脱，白蜡树依然容易辨认。诸多细小的深黑色冬芽遍生梢头，颇为醒目，花朵和花粉就在这些芽苞中发育成形。白蜡树于次年三月进入花期，此时树梢仍片叶未生。

进入花季的花苞完全放弃了矜持，它们如气球般鼓胀奓开，开满深紫色的细小花朵。这些花朵将花粉托付给春风，直到四月。高度可达 40 米的白蜡树时常无法精准把握自身的性别，它们既有雄性植株又有雌性植株，还有雌雄同株，其花也分雄花、雌花、雌雄两性花三种。尽管白蜡树是风媒植物，但它们依然是蜜蜂的重要牧场。每朵白蜡树的花可产生 25000 粒左右的花粉，静候蜜蜂的到来。白蜡树是 40

余种昆虫眼里的丰饶角[1]，其中包括几种最美的蝴蝶，例如翼展长度可达 10 厘米的蓝条夜蛾，这是德国最大的蝶类生物之一。光明之木（白蜡树）的羽状复叶、木质部和树皮都是这些昆虫的美食。

果园守护者

—

花序受精后不久，白蜡树的果实开始发育，这些长度约 4 厘米的长椭圆形果实成束地悬挂于枝头，像缩小了的深绿色豌豆荚，一穗穗果实犹如阶梯式人工瀑布。最迟到十月，白蜡树果实会轻微地木质化，转为褐色，等待生冷的秋风把它们吹落枝头，随风旋飞。但它们常会在梢头过冬，密密匝匝，状如小穗葡萄，一直逗留到次年春天。测量结果显示，一株高度约 30 米的白蜡树的翅果平均最多只能飞离母树 50 余米。

白蜡树果实是一些鸟类的美食，青睐这些果实的主要是红腹灰雀。在食物耗尽的晚冬里，这些鸟类爱以果树的嫩芽为食，由此破坏水果收成，因而红腹灰雀常和山雀、麻雀、燕雀一起被归类为"害鸟"。到了此时，生于果树附近的白蜡树为鸟类提供了更加美味的选择，从生态学角度来看，这一防护效果极佳。

高达 40 米的白蜡树是欧洲最高的落叶树种。若有人在一片白蜡树和山毛榉的混合林中抬头仰望，便会看到令人吃惊的景象：一株株白蜡树和山毛榉树身相隔极近，但枝叶却鲜少交会。即便成了邻里，它们似乎依然不睦，试图与对方保持距离。它们就像现实中的邻人一样，在彼此间画下无形的界线，在界线后各自生活，老死不相往来，

---

1. 又名丰饶羊角（Cornucopia），起源于罗马神话。丰饶角的形象为装满鲜花和果物的羊角（或羊角状物），以此庆祝丰收和富饶。同时，丰饶角也象征着和平、仁慈与幸运。

绝不越雷池一步。20世纪20年代以来，这一被称作"害羞的树冠"的现象广为人知，但原因尚不明确。

根深蒂固，坚不可摧

—

小白蜡树树皮呈灰色，有裂纹，这些裂纹随着树龄渐增而加深，直至可以容纳指节。这让白蜡树极易辨认，不会与旁树混淆。

生于空旷地带、不受旁树挤压的白蜡树会向四面八方舒展身姿，长出形如巨伞的树冠，诸多粗壮的枝干充当伞骨，支撑起树冠。白蜡树惯于直来直去，少有过于复杂的分叉。

白蜡树的地下部分也令人称奇。生根发芽之初，白蜡树苗会生出一条垂直向下的树根，深深地往下扎，由此在地下站稳脚跟。数年后，下扎到10～20米深处的树根会向水平方向大肆伸展。这一特性不仅让白蜡树"站"得更为坚牢，还提高了它们在干旱时期与其他树种之间的竞争力。因此，较白蜡树更为强悍的山毛榉常在这场斗争中失利，因为白蜡树能干脆直接吸走对山毛榉而言性命攸关的水源。白蜡树居然能胜过生命力最强的山毛榉，这难道不是奇迹吗？

白蜡木——完美的栅栏和武器材料

—

白蜡树的拉丁学名"Fraximus"派生自希腊语词"phrasso"，后者意为"合围"（更多的是正面的保护之意，较少作"包围"之意解）。事实上，强度甚高的白蜡木也常作为优质的木桩和坚固的条板，用来修筑篱笆和栅栏，保护人类免受侵害。

古罗马人曾以寨栅建造界墙，这些寨栅中有很大一部分是由坚实的白蜡木制成的。在古诺斯语和盎格鲁-撒克逊语中，"白蜡树"（古高地德语为"ask""asch")一词不仅指白蜡树本身，也指以白蜡木打造的长矛。

白蜡树和紫杉之间存在一个惊人的相近之处：直到中世纪时，两者依然在武器制造业中占有一席之地。紫杉木弹性极强，白蜡木则以坚固不易碎著名。因此，防御工事和堡垒的附近常种有大片紫杉林或白蜡树林，以便让部队在战时拥有足够的补给材料，用于制作长矛和弓箭。白蜡树较紫杉树生长得更快，因此作为武器材料也更受青睐。

根据传说，阿喀琉斯用以杀死特洛伊之王的长子赫克托尔的长矛，便是由一位半马人用一株神圣白蜡树的木材制成的。需要指出的是，正是白蜡木刺穿了赫克托尔的咽喉。

古希腊时期，欧洲白蜡树仅分布于马其顿地区及伊利里亚地区的山脉中。亚里士多德的弟子、哲学家兼植物学者特奥弗拉斯特曾于公元前3世纪对这一树种进行过描述。

古代的德鲁伊们用充满传奇色彩的白蜡木制作魔杖，他们借助白蜡木杖的力量使出雨的魔法。同时期的渔民也用白蜡木打造渔船，希望这种具有强大魔力的木材给予他们保护，防止船只倾覆和船员溺水。在古老的民间信仰中，身为光明之木的白蜡树与水有着多重联系。最近的科学发现更是颠覆了我们的认知：事实上，空中飞舞的大量花粉可能会对云朵的形成有所影响，水蒸气会在微小的花粉周围富集，这些水蒸气经过冷却凝固，发生液态变化，最终形成云朵，飘到别处后，又化作雨水，落到大地。我们不禁想要追问，施行法术的古代祈雨者们是否比我们了解更多自然的秘密。

另一类有趣的传说是，对付可憎的吸血鬼的最好方式，就是趁它们休息睡眠时，奋力将木楔钉进它们的心脏，这些木楔总是用白蜡木削成的。

爱情如阳光般透入我们的心灵，这一现象也与白蜡木有关：阿莫尔[1]的箭矢也由白蜡枝制成。

诸多姓氏和地名，如埃申海姆（Eschenheim）、埃申巴赫（Eschenbach）、阿绍（Aschau）等，都点出了白蜡树的重要意义。

作为世界树的白蜡树：伊格德拉修

—

除白蜡树外，还有什么树能自豪地宣称奥丁最爱将座下骏马亲手系于自己的树干上呢？世界树伊格德拉修在北欧神话中占有一席之地，13世纪，讲述诸神传奇和英雄情谊的冰岛史诗著作《埃达》对这棵连接众界的白蜡树有过详尽的描写。伊格德拉修是"众树中至伟至大者"，经天纬地、包罗万象，它身为常青之木，也被视作永恒的象征。

当今的神话研究者更倾向于认为，真正在神话中扮演世界树角色的并非白蜡树，而是常绿的红豆杉（详见"欧洲红豆杉"一章）。前者毕竟是落叶阔叶植物，其羽状复叶一再脱落重生。世界树是造物的象征，沟通万物，连接众

北欧神话中甚至有"人类发源于树"的记载，最初的人类分别名为阿斯克和爱波拉（古诺斯语：Askr ok Embla），这对男女分别由白蜡木和榆木雕成[2]。

---

1. 罗马神话中的爱神。

2. 有一天，当奥丁、威利和维在海滩上散步的时候，海浪冲来了两截木头，一截是白蜡树，一截是榆树。众神把它们捡起来后，觉得恰好可以当作创造人的材料，便开始用刀把它们分别雕刻成两个人形。由于众神精心雕刻，那段白蜡木成了一个栩栩如生的男人形状，而榆木则是一个女人的样子。雕刻完后，三位神祇就为他们注入了生命。

界[1]——诸神居住的上界、人界，以及地下的冥府。命运之泉在其根下流淌，诺恩三女神[2]镇守此地，她们是命运之神，也是律法和古老习俗的守护者，三位女神在泉边编织世界的命运——薇尔丹蒂编织现在，乌尔德司掌人类的过往命运，诗寇蒂（罪责[3]）则描绘即将成真的事物（可能性的世界）。

为获得智慧和知识，众神之父奥丁曾将自己倒吊于世界树梢头。他献祭自身，并用白蜡木长矛自刺身体一侧，以求献祭仪式圆满。九天之后，重回地面的奥丁在世界树根上发现了如尼文字，同时也寻得了智慧和知识，以及对世间万物的洞察力。

白蜡树苗之死

–

一株健康的白蜡树寿命为 250 ～ 300 年，但这一情况如今变得日益罕见。

拟白膜盘菌，这种真菌的名号如此可爱，但它们是白蜡树的灾

---

1. 世界树连接以下世界：海姆冥界——死之国；尼福尔海姆——雾之国，是冰天雪地的国度，病死及老死者的归宿；穆斯贝尔海姆——火之国；约顿海姆——巨人之国；阿尔海姆——白精灵（光之精灵）的国度；瓦特阿尔海姆——黑暗精灵的国度；华纳海姆——华纳神族（Vanir）的居所。其下有三根粗大的根：第一根树根深入阿斯嘉特（Ásgarðr），根下有兀儿德之泉（Urðarbrunnr,），每日诸神会聚在泉水旁边开会讨论，此外还住着诺恩三女神（The Norns）；第二根树根深入约顿海姆，其根下有密米尔之泉（Mímir），是智慧与知识之泉；第三根树根深入尼福尔海姆，其树根下有泉名赫瓦格密尔（Hvergelmir）和一条不断啃食树根的毒龙尼德霍格（Níðhǫggr），它不停地咬着树根，直到有一天它终于能咬断这株树，诸神的黄昏就会来临。

2. 或译诺伦三女神，是北欧神话中的命运女神，智慧巨人密米尔的三个女儿，另一传说是巨人诺尔维（时间）的女儿。其中大女儿乌尔德（Urd）司掌过去，二女儿薇尔丹蒂（Verthandi）司掌现在，小女儿诗蔻蒂（Skuld）司掌未来。这三姐妹不仅掌握了人类的命运，甚至也能预告诸神、巨人以及侏儒的命运，她们的出现被视为诸神黄金时代的结束。

3. 诗寇蒂（Skuld）之名与德语词"Schuld"（罪责）相关。

星，这种全欧洲最高大、壮丽的坚毅树木或将因其而灭亡。根据当今学界的认知，白蜡树在欧洲大规模幸存的概率颇低。未来数十年，本土森林中的白蜡树可能将大规模消失，仅剩个别植株。

拟白膜盘菌正在着手消灭白蜡树（它们也在对赤杨做相似的事情），它们在白蜡树的落叶层上生长繁衍、分解物质，通过一种无性繁殖的方式入侵树身，摧毁其供养机制，令白蜡树幼苗迅速死亡，染上这种不治之症的白蜡树林只能被成片砍伐清除，但它们至今尚未广为人知。有人猜测，全球变暖也许是此案的元凶。千百年来，白蜡树一直是人类亲密的伙伴，在多个层面上与人类息息相关，甚至是代表神界的符号，是存在和宇宙的象征。对这样一种树木而言，这种死亡方式着实有伤体面。

白蜡树的消亡或将导致一系列难以预见的问题。白蜡树死亡后，根系衰败萎缩，无力继续保持水土，河岸泥土和河谷地带将因水流冲击而导致水土流失。

此外，白蜡树的消亡也将令各种鸟类、蝶类和昆虫失去赖以生存的家园。对白蜡窄吉丁和蓝条夜蛾的幼虫而言，白蜡树是不可或缺的食物来源；深冬里，许多野兽也以小白蜡树的幼枝和嫩芽为食。有朝一日，数量遽减的白蜡树将无力继续承担保护果园的重任，山雀、麻雀、燕雀和红腹灰雀将重新在我们的苹果园和梨树园中大开宴席，影响果园的收成。到了那时候，我们难道只能用更多的农药来解决问题吗？

白蜡树的文化史和医学意义

—

古典时期[1]的医者描述过白蜡树的疗效，白蜡树因能被用于提炼药剂而饱受赞誉。希波克拉底（前460—前377）著有《希波克拉底文集》（"希波克拉底誓言"正是出自这位医者），该书便有将白蜡树用于医疗的记载；而希腊医者迪奥科里斯（40—60）的《药物论》（*Materia Medica*）中也有相关记录。但两位先贤记录的可能是花白蜡树（Fraxinus Ornus）这一物种。

白蜡树在人类医学史和民间偏方中历来占有一席之地，由其叶子、种子和木质萃取的汁液均具医疗效用，有止血、消炎的功效，甚至能在人被蛇咬伤时充当抗毒血清。

---

1. 指古希腊罗马时期。

白蜡树在今天的应用

—

继山毛榉和橡树之后，白蜡树是最重要的德国树种之一。欧洲白蜡木极其坚实、易分割，木质坚韧、抗拉力强、不易折断，方便进行各种木工加工。因其纤维细腻，在加工过程中极少产生木屑。

具有此类特性的白蜡树常被加工成棒球棍和冰球棍等体育器械，也被用于制作独木舟和划艇的船桨、舵柄，还可用于制作木制雪橇。

经过汽蒸的白蜡木可被弯曲成任意形状，用于制作各种日常生活用品，如木匣、梯子、调色板、工具手柄、摇把等。人们甚至还曾用白蜡木组装汽车和飞机部件、滑雪板和火车车厢等物。虽说如今已没有什么值得一提的木质武器，但人们依然会用白蜡木制作步枪枪托。

欧洲云杉

Picea abies

不说其他的，仅看外观这一点，云杉便已称得上卓尔不凡。它的树干异常笔挺，全树状如圆锥，直指繁星遍布的夜空。生于空旷环境的健康云杉呈现出完美的对称性，在世界上，拥有这一特性的生物并不多见。云杉树冠的俯瞰面状似雪花，形态多变，但对称性恒久不变，简直就是大自然的杰出造物。云杉几乎不容触碰，其针叶长袍的手感过于不适。云杉看起来有些沉默自闭、难以接近，我们很容易将它的精神、它的形式、它的美丽误认作拒人于千里之外的傲慢。我们只看到了云杉的外在部分，却忘记了它的内在也蕴含着一种精神。云杉由无数枝叶排列组合而成，它的精神是一种莫可名状的伟大存在，用它对称的美丽引发我们内心的共鸣。

> 每片晶体都是一件巧夺天工的杰作，没有两片雪花完全相同。当雪花融化，它的美好也一去不返，不留一缕痕迹。
>
> ——雪花摄影师威尔逊·A. 本特利

起源和商业之间——两极化的云杉

在德国，天然云杉林仅见于阿尔卑斯山区或海拔 650 米以上的中部山地。云杉树之间间距颇宽，阳光能够轻易照亮地面；杉林内形成了多种动植物聚落群，许多鸟类（如黑啄木鸟、欧鸽，甚至还有一些小型的猫头鹰种类，如鬼鸮、花头鸺鹠等）在此定居。早在公元前 77 年，老普林尼就在其著作《自然史》中指出云杉偏爱居高的习性："云杉独爱峻岭寒。"

云杉是地球上最成功的物种之一，这种植物已经以现今的形态存在了 300 万年。云杉是构成北方针叶林这一地球上最大的连续森林带的基调树种，从日本北海道经过蒙古、西伯利亚和北欧，再到加拿大和阿拉斯加。北方针叶林占地面积约为 1400 万平方千米，接近地球表面积的 3%。

2008 年，一株发现于瑞典境内、靠近挪威边境的云杉被人们视作世界上最古老的克隆树。从那时起，人们用该树发现者已过世的爱犬"老吉科"（Old Tjikko）为该树命名，当时这株树已经 9550 岁。但是这株克隆树地面以上的部分（树干和树枝），已不是原来的那棵树。通过一根树枝的生根或营养生殖，一棵新树茁壮成长。

品种单调的云杉林（这里的"林"是指经济林，而不是一般意义上的森林）在德国随处可见。正是由于这一原因，云杉才成为德国境内最常见的树种（将第二名远远甩在后面），德国境内将近 1/3 的林木为云杉树，有些地区甚至比例更高。云杉极易栽培，树形笔挺，其木材用处广泛，是德国林业经济的"衣食之树"。曾有数十年时间，大多数工业规模的造林中使用的树种都是云杉。由于各种

云杉抗风性极差，且极不耐虫害。1921 年，一场风暴摧折了乌尔姆附近的近千株云杉。事后，林务官员们竖起了一座纪念碑，碑文如下："欲毁森林，但植云杉。"

野生动物的存在，森林中还存在自然选择，其他许多树种在还是幼苗的时候就被马鹿叼走或直接吃掉了，而云杉不在马鹿的食单上，因而能长成 40 米高的大树。

于是出现了这样的情况：云杉在许多土质和环境条件并不适宜的地方也扎下了根。随着气候变化的加剧，上述情况如今仍在恶化。越来越温暖、干燥的环境让它们无所适从，云杉林被削弱了，蠹虫之类的害虫开始了游刃有余的游戏。根据专家分析，当今的云杉很可能会重新退回到它的发源地。

银冷杉还是云杉？

—

人们常将云杉与其他针叶树混淆，银冷杉的树姿和形态与云杉尤为接近。云杉在民间有"红银冷杉"的俗名，而这种叫法显然大错特错。两者的区别之一在于球果的形态：云杉的球果悬挂于枝头，而银冷杉的球果则直立朝上；云杉针叶环绕细枝而生，而银冷杉针叶的排列方式则与之相异；最后，云杉富含树脂，裂纹遍布的树皮呈红棕色。

云杉（Picea abies）的学名也与它富含树脂的特性相关，该词大意为"含树脂的骄傲生长者"。很显然，古典时期的自然学者们就已经很难区分这两种美丽的树木了。云杉的花季于五月开始，雄性花序长约一厘米，单立于枝梢。和所有针叶树一样，云杉也属于风媒传粉植物。受精完成后，雌性花序发育成悬垂状的球果，球果中含有果实。与银冷杉不同，云杉的球果成熟后很快便从枝头坠落，人们在地上拾到的"银冷杉球果"往往并非真的银冷杉果实，而是云杉的球果。

最实用的树种

一

云杉和桦树一样，都是"生命的宣告者"，因此也和桦树一样被当作五月树。从 15 世纪开始，云杉就作为圣诞树进入了千家万户的起居室，几乎每一场房屋落成典礼上都少不了云杉树的点缀。人们会将一株经过点缀的小云杉树竖在新盖好的屋顶上，借此表达一种希望新房像树木一样高大、坚强、能经历风吹雨打的心愿。

从 14 世纪开始，新宅的屋顶架搭成后，人们就会庆祝封顶，以此犒劳木工。此时，人们会精心装点一棵云杉或桦树（视季节而定），用它来装饰新宅的屋顶。

山地云杉生长缓慢，其木材在乐器制造业里有相当特殊的意义。世界上最著名的提琴制造商（阿玛蒂、史戴纳、斯特拉迪瓦里和瓜奈里）常为拣选合适的木材花费数周时间。制造者要用手敲打数千根树干，侧耳细辨叩击的回声，最终才能挑选一根用于制作完美小提琴的良材。要想与琴弦的振动相共鸣，其木质就需要极其稳定，空气湿度变化时也不得发生变形。在过去，打造一把小提琴是一位匠人一生的事业，因为经过挑选的木材需要存放、干燥数十年之久。云杉木用处广泛，从造船到建房，各行各业都离不开它。

我们祖先的"月木"的回归

–

在拣选木材一事上，林业学家和林业指导员们已开始重新采用让有经验的林业工人检验木材的方法，奥地利企业家、前林务员埃尔文·托马斯就是其中的一员。根据月相判定砍伐树木的正确时间点，这一做法产生的效果至少已经得到了部分证实。根据月亮的月相周期制定的历法的重要性得到了突显，尤其是在采集常用木材（如云杉）的过程中，古人的"月木"（moon wood）似乎即将迎来属于它们的文艺复兴。木材不经化学处理便能不焚、不裂、不朽，这听起来似乎是不可能做到的。然而，在奥地利和德国的南巴伐利亚，人们已经用传统方法成功建起了整座酒店，比如南蒂罗尔的首家木屋酒店"赛瑟阿尔姆尤塔勒酒店"（Hotel Seiser Alm Urthaler）。

"在不伤害自然和自身精神的前提下，同时探索自然和自身，在柔和的交互作用中实现两者之间的平衡——这是何等惬意之事。"——歌德

1963年，《蒂罗尔主页》（*Tiroler Heimblättern*）杂志刊发了一篇文章，该文章告诉我们砍伐不同树种的最佳时间——"伐木和开垦的征

兆"。毫无疑问，月亮在人类文化、神话传奇和宗教中一直扮演着重要角色，即便是在这方面，科学认知和没有根据的迷信之间的界限也是模糊的。

欧洲鹅耳枥

Carpinus betulus

　　它只不过是森林里毫不起眼的众多居民中的一位，但它理应获得更多关注，因为它的优点实在是不胜枚举。它枝叶葱茏，不费吹灰之力便能将穿过开阔林地的道路笼罩于浓荫之中，繁枝交错之下，祖母绿的光洞从缝隙中洒出。阳光一点点透过这层浓荫，如在回廊曲折的迷宫花园中踟蹰不前，给林地洒上金色的光辉。夏日的微雨无法穿透叶丛，不会淋湿树下避雨者的衣衫，人们仿佛置身于一座由繁枝、绿叶和光线构成的狭长溪谷中。欧洲鹅耳枥在这幅美景中扮演了举足轻重的角色，我们却常常直接将它忽略，或将它误认作一株尚未长成、身量过小的山毛榉。

　　鹅耳枥的命运和黄杨相同，两者都为人类做出了极大贡献，但它们的美丽始终不为人所知，获得的认可也微乎其微。和黄杨一样，鹅耳枥也被栽培成树篱，用于遮蔽外人的视线，或者被修剪成园艺树，散布于公园和绿化带中。此外，鹅耳枥也是重要的低矮型树种之一，其服务于人的精神对我们来说极其重要。

傲然独立，树中少见

密林中的鹅耳枥外形颇为奇特，仿佛多股粗壮的树根钻出泥地，如麻花般拧成向上的一束，其形状颇不规则，甚至有些畸形；树干表面有波浪形隆起，横截面形状多变，而且并不是均匀对称的。鹅耳枥的树干起初向上生长，继而向不同的方向扭转，粗壮的枝条向水平方向伸展，有的甚至指向地面。

鹅耳枥的树干通常十分纤细，只有生长在空旷地带、不受旁树挤压的植株能发育出骄傲、雄伟的身形，树干直径可超过1米，在齐人胸口的高度就开始分叉，树高可达25米，半球形的树冠颇为壮观。

鹅耳枥的寿命约为150年，但大多数生长在森林中的植株远没有如此长寿。被砍到"仅剩树桩"的鹅耳枥会展现出令人叹为观止的分蘖能力，这种能力让鹅耳枥发育出多根树干，进而长成种种千奇百怪的形状。这样的鹅耳枥树高不会超过10米，却从内到外散发出一种不可遏止的生命信念。正是这种信念支撑着鹅耳枥的再生，让它们绿叶葱茏、生机郁郁。它在每株鹅耳枥身上表现的方式都不尽相同，有时两株鹅耳枥之间的差别极大，以至于人们会产生误会，把它们当作两个不同属的物种。

矮化经济林中常见的鹅耳枥修剪方式——分叉众多的鹅耳枥。

与榉树相似到难以区分

—

诚然，鹅耳枥那波浪形的树干横截面颇为特异，与山毛榉树大相径庭，但它平滑的浅色树皮又与后者颇为近似。乍看之下，两者的叶形十分相近。夏日里，鹅耳枥和山毛榉叶片展现出的浓绿色彩也相差不远。以上种种让人们时常将鹅耳枥误认作尚未长成或身形过小的山毛榉，然而两者之间并无亲缘关系。事实上，它们并不喜欢对方，总是尽力与对方保持距离，这一点着实令人吃惊。鹅耳枥属桦木科，是桦树、榛树和槭木的近亲。

细细看来，鹅耳枥的叶片两侧有锯齿，叶脉极明显，与山毛榉尤为不同。鹅耳枥的叶片长度可达 10 厘米，宽度可达 4 厘米，有着强壮的叶脉，总让人觉得它们尚未完全张开。鹅耳枥叶片正反两面皆浓绿欲滴，到了晚秋则变成阳光般的黄色，闪闪发亮。除鹅耳枥外，一些桦树和槭树品种的叶片也具有以上特征。事实上，鹅耳枥的叶片外形也时常变更，颇为多样，甚至存在一种橡叶鹅耳枥（Carpinus quercifolia）。所以说，只有在观察完全貌后，才能判断一株树的类别。

三旋翼直升机和饥肠辘辘的掠食者

—

鹅耳枥会在春日里长出冬芽，这些芽苞在树梢度过了一个冬天方告成熟。待到次年春天，鹅耳枥即将抽叶，此时这些冬芽才发育成花蕾。鹅耳枥是雌雄同株植物，但雌雄异花。雄花先行绽放，让整个树冠闪烁着黄绿色的微光。整株鹅耳枥似在轻轻振动，鹅耳枥的雄性花序长度可达 7 厘米，上边的一朵朵雄花清晰可辨。雄花们释放出花粉，将其托付于春风。此时，鹅耳枥恰好叶芽初绽，无数花粉从新叶两侧飞掠而过。雌性花序和第一批叶芽同时绽放，长度可达 4 厘米，雌性花序与雄性花序相比较小，外形上并不起眼，只有从花蕊深处遥遥探出的红色花蕊会出卖其藏身之处。受精完成后，果实开始在雌花内部发育成熟，此时雌性花序把全部力量转向体内，它们一点点膨胀、伸长，形似谷穗，长度可达 15 厘米。此时，长满种子（这些种子的直径不足 1 厘米）的雌性花序已无法藏匿身形。这些微型坚果生有三片小翅，它们能借助这些小翅实现远距离旋飞，但这一切不会马上发生，这些种子会在鹅耳枥梢头停留甚久，享受母树的庇护，直到冬天来临。

　　长留梢头的树种当然会吸引众多饥肠辘辘的掠食者——这些营养丰富的微型坚果在漫长而艰难的冬日里成了许多鸟类的美食。啄木

锡嘴雀和它心仪的佳肴——鹅耳枥的果实。

古代的日耳曼部族会种植密不透风的鹅耳枥树篱，这些篱笆的宽度有时可达 100 米，能阻挡来势汹汹的敌军——这种树篱被称作"格比克"（Gebück）。

鸟、大山雀、五十雀，还有羞怯的锡嘴雀都是鹅耳枥的座上宾。260 粒种子便能满足一只锡嘴雀一天的营养需求。

鹅耳枥对鸟类展现慷慨的姿态，但在昆虫世界中却无人问津，极少被蚊蝇或蝶类光顾。然而，它们对桦树和柳树的热情要高上 10 倍。有人猜测，身量相对较小的鹅耳枥拥有其他树木所不具备的自卫机制——类似的树木还有胡桃，但后者的自我保护机制早已得到证实。

在松软且渗透性强的森林土壤中，鹅耳枥的扎根深度可达 4 米，根系宽度可达 5 米（其根系的样貌通过其树干外形便可窥见一斑）。这种特征明显的心形根系有极其细密的纤维，且与多种不同的真菌有着共生机制。生于湿土的鹅耳枥常有被强风连根拔起的危险，因为在这样的土壤环境中，它们的扎根深度不会超过 35 厘米。

远走他乡的"钢铁之树"

鹅耳枥几乎分布于整个欧洲，它们既能忍受温暖的夏天，也能熬过零下 30℃ 的低温。上一次冰河时期降临中欧时，来势汹汹的冰盖逼得鹅耳枥远走他乡，它们很可能把高加索地区当作了容身的安乐窝。冰期结束后，鹅耳枥踏上了回乡之路，却在西欧与欧洲山毛榉狭路相逢，山毛榉用茂密的枝叶筑成宏伟的穹顶，身形较小的鹅耳枥难以在其树荫下茁壮生长，因而无法在此站稳脚跟，只得留在东欧。7000 年来，鹅耳枥一直坚守东欧阵地，不让山毛榉有可乘之机。两者至今仍是对头，互相争夺对自身更为有利的土地。鹅耳枥很难在海拔 800 米以上的山地生长（偶有植株可在海拔 900 米的高度生长）。随着全球气候变暖加剧，鹅耳枥正在一点一点向高处攀登。

鹅耳枥总是对分蘖繁殖表现出强烈的渴望，数百年来，这一特质在鹅耳枥的矮化经济林中派上了用场。至今依然存在一种橡树和鹅耳枥（有时还有葡萄）的混合林，正是这一混植方式确保了这种森林的存在（这种耕种方式主要出产燃烧材料）。每隔 10 ~ 20 年，混合林中的树木就会被砍伐（人们称之为"收割"），仅余木桩。直到第二次世界大战结束，这种混植方式仍在林业经济中盛行。

鹅耳枥与黄杨同属木质最坚硬的树种，因此早年间也有"钢铁树"的别名。鹅耳枥燃烧值极高，甚至超过山毛榉。早年间，坚硬的鹅耳枥木材常被用于制作磨坊水轮和木工工具，时至今日，论起制作鞋模，也少有木材能与鹅耳枥相提并论。

鹅耳枥很享受修剪，即便是不熟练的园丁也不会对它造成伤害。鹅耳枥能长成致密的树篱，其名号也由此而来——它们的枝叶形成合围，一片小树林由此诞生 [1]。

---

1. 鹅耳枥德文名为"Hainbuche"，"Hain"意为小树林，"Buche"意为山毛榉。

欧 榛

Corylus Avellana

　　我在自家书房里打着盹，窗外是半带野趣的花园。夜半时分，我猛然惊醒，坐立而起，也不知是背部的抽痛驱走了睡魔，还是蜡花爆裂的噼啪声惊扰了我的清梦。于是我吹灭摇曳的烛火，在黑暗中静坐。

　　屋外有株极高大的扭枝榛树，树身离窗仅数臂之遥，半轮明月从树后探出面容，虽不圆满，但月华之盛，为我生平罕见。我听见一尾小鱼从池中跃起，脑海中立时浮现出月亮的银辉在水面上碎成万千光点，瞬间映亮赤裸的鱼身的景象。待月光轻轻抚平涟漪，幽暗的池面再次平滑如镜，便能清晰地倒映出榛树的黝黑身影。

　　那株榛树而今已经长成了奇迹，其美丽较那半轮皓月也毫不逊色。我轻轻地触碰那株榛树，就像里尔克说的那样："不是用手，而是用心。"我拥有的所有关于榛树的知识，都在这一刻化为乌有，也正是在这一刻，我才真正认识了它。

但这种感觉很快又烟消云散，如春梦无痕，让位给萌发于后的新思绪。

向生命的胜利进军

—

欧榛是一位女战士，和山毛柳一样，欧榛是春天最早开花的植物。但与山毛柳不同，欧榛是雌雄同株、雌雄异花植物，同一株（或同一丛[1]）欧榛上同时生有雌雄两性花朵。早在开花前一年的夏末，欧榛的雄性花序就已经成形。它们会在光秃秃、没有保护的情况下度过寒冬，雌花则被叶腋上的蓓蕾裹得严严实实。欧榛的雄花于二、三月之交开放，花序悬垂，长度可达 8 厘米，黄色花粉熠熠发亮。此时，万物依然蛰伏潜藏，草木依旧收敛气息，花粉飞来，细小低调、毫不显眼的雌花也在此时显现出平时被蓓蕾的苞叶覆盖的红色花柱，花粉沾在花柱上完成对接。雌花不产花蜜，只有产生花粉的雄花会受到已经忍饥挨饿一整个冬天的蜜蜂的欢迎。一丛丛雄性花序鼓鼓囊囊、数量繁多，一穗花序最多能产生 200 万粒花粉，这些花粉被风吹落，散落四方。

秋天里脱落的面具：榛果的庐山真面目

—

榛树的果实就是大名鼎鼎的榛子，会在九、十月间发育成熟。早在石器时代，这种营养美味的坚果就是人类的忠实伴侣。观察坚果日趋成熟的过程也是件赏心悦目的事，小小的坚果起初是绿色的，被苞叶包裹在内。随着它们一天天膨胀变大，颜色逐渐转黄，坚果的化装

---

1. 欧榛为灌木或乔木。

舞会最终将告一段落。它会摆脱苞叶的束缚，变成褐色的坚果，挂满灌丛。榛果是啮齿动物（尤其是松鼠）争相追捧的美食，而这些小动物也促进了榛树的繁衍。有时候它们把过冬的粮食藏得过于严密，自己也无法找到，逃过一劫的榛子因此有了抽芽长叶、发育成新榛树的机会。但这条道路过于曲折艰难，对榛树而言，营养繁殖方式远比种子繁殖更为主流。有些枝条会垂向地面，贴近母根，借机长出新根，

一株新的灌木（或乔木）由此诞生（即压条繁殖）。

　　榛树待到四月方才抽叶，叶片有时能长到手掌大小，呈椭圆至圆形，状如熊掌；叶缘有明显的锯齿状，叶尖形状独特；叶片下表面遍布清晰的脉络，叶柄略有茸毛，坚果生于叶柄的腋下。榛树有一根以上的主干，树高可达 7 米（个别植株高达 10 米），为灌木或乔木，树形壮丽。深褐色的细枝富有弹性，表面皮孔遍布，这些小开口是榛树与外界交流的窗口，它们通过这些皮孔呼吸吐纳，进行气体交换。这些细枝生长于粗枝或主干之上，总是指向上空，让整株灌木都透出灵

榛树灌丛表皮上的皮孔
让气体交换变得简单。

动的光彩，而这也是榛树丛的显著特征。

榛树不会长出粗糙的厚皮，树皮表面相对较为光滑，随着树龄渐增，树皮逐渐转为灰褐色。表皮下方直接就是形成软木细胞的地方，水和气体都无法穿透这层细胞。只有当生长中的软木细胞继续向树身内部挤压周皮时，外皮才会开裂，出现孔隙。此时，位于该处的正逐渐枯萎的细胞之间，开始了长期的气体交换。除此之外，榛树叶片上也分布着气孔，和其他植物一样，榛树能够自主控制这些气孔的开合。榛树可以根据天气、温度、对水的需求、光照条件等外部条件，调控新陈代谢，进行气体交换：吸收二氧化碳，释放氧气和水——它以这样的方式活着。

欧榛在德语中叫作"Gemeine Hasel"，这是因为德国人认为兔子喜欢在榛树下安居[1]。但其学名"Corylus"本意为"面具"，词缀"avellana"则与意大利坎帕尼亚的阿维拉有关，早在古典时代，当地人就开始种植榛树。

根植于永恒

—

一旦榛树站稳了脚跟，就没有杂草能与之抗衡，这种植物的生存欲望近乎不可战胜。即便将榛树砍到只剩树桩，第二年它也能恢复往年的模样，仿佛什么都没有发生。即便将整丛灌木连同上部的块根统统砍掉，常常也是徒劳无功，因为榛树丛的垂直根系可深入地下4米。只需两年，一株幼苗又将重新探出地面，小心翼翼地侦察情况，看是否值得进一步生长。榛树的预期寿命通常为60年，但它们经常通过营养繁殖创造出基因相同的灌木丛，由此实现理论上的永生。

瑞士两位民俗学家爱德华和汉斯在1927年撰写了《德意志迷信

---

1. 德语中野兔一词为"Hase"，榛树为"Hasel"，两者发音接近。

手册》。这部数卷本的大部头作品有近一万页，记载了来自德语世界内外的众多民俗传统和神话传奇。这部作品在同类书籍中也许称得上涵盖面最广，意义最为深远，而书中至少有 16 页的内容是关于榛树的："榛树是一种极古老的魔法植物，生长于日耳曼民族的土地，具有多重宗教仪轨的意义。"书中还记载了流传在巴伐利亚地区的迷信行为："远离家宅或踏上险途的农夫常携带榛木手杖，需要途经臭名昭著之地的夜行者也需携带此物。"

而若有人"于沃尔帕吉斯之夜的半夜 12 点伐下一株榛子树，并将其随身携带，此人将不再有坠落悬崖深谷之险"。特兰西瓦尼亚地区则另有一项习俗：奔赴战场的士兵若佩戴一枝于仲夏节伐下的榛果枝，便无"枪伤之虞"。榛树能够"抗御邪灵和愤怒的敌军，能够躲避恶魔、火人以及怪兽贝尔赫塔的追击"。此外，人们还能用榛树枝驱逐各种超自然生物——"妖精类的害兽及其他各种有害动物，如鼹鼠、家鼠等"。

榛树甚至与地底的宝藏有关系："苦寒的冬日已然远离，榛树把金粉洒满雪地！"其他类似的记载还有："探宝杖通常被描绘为榛木棍。榛树丛下常有财宝埋藏……"

在帕拉塞尔苏斯[1]的同情疗法中，榛树枝则有转移病痛之功效——将消瘦症和结核病患之尿液储于新便盆之中，密封严实后埋于榛树丛下，并祝咒曰："我将病痛埋于此地——赞美我主上帝！"另有一个传统习俗可令野兽远离谷种：农夫须于耶稣受难节日出前截下一枝一年生的榛树枝，全程须缄口不言，将榛树枝弯成圆环，佩于播撒谷种之臂上。榛树枝也是最常见的农田护符，农夫折下榛枝，以圣周六之火

---

1. 菲利普斯·奥里欧勒斯·德奥弗拉斯特·博姆巴斯茨·冯·霍恩海姆（1493—1541），自称"帕拉塞尔苏斯"，文艺复兴初期著名的炼金师、医师、自然哲学家。

（犹大之火）稍煮，插于田间。

榛树的魔力也被用于牲口棚里，"人们将小榛树枝切碎，用两块面包夹住，用于饲喂牲畜"。

这部手札中汇总了许多与榛树相关的风俗习惯、古老魔法信仰和祈祷丰饶多产的宗教仪轨。

西洋接骨木

Sambucus nigra

接骨木不像紫杉，是通往异界的门户；不像刺柏，能用空气和光线建造教堂；不若榛树诙谐顽皮、轻捷自在；它是一汪清澈的泉眼，流淌着平和与温存。接骨木树荫下的小憩最能令人神清气爽、焕然一新，感觉就像炎热夏日里下了一场急雨。接骨木能澄清混沌纷飞的思绪，将它们重新归拢，汇聚成一条清澈、安详的河流；能从浑浊的心念中滤去阴郁的尘垢，还你一片清新纯粹的心头净土。

通常，只有在真正有了需求的时候，我们才会思及接骨木洗涤心灵的作用和助人为乐的纯良天性。这时它们才真正映入你我的眼帘，在花园里、在树篱中、在日常经过的路边，接骨木突然绽放出了它的美丽。

非比寻常的美丽繁花

—

到底是灌木还是乔木，对接骨木而言，这是个问题。一株倚在高高草垛上的接骨木，高度能轻而易举地超过 5 米；花园里、树篱中和森林边缘的接骨木只会长到齐人高的高度；有时它能独自伫立，守护整座庄园，此时它的身高能超过 11 米。接骨木是变形术的大师，变化多端、举重若轻，它的美丽也由此得以彰显。接骨木分枝繁多，枝条弯曲、颀长，故而有时也能长成一株惹眼的灌木，宽度几乎与高度接近，看起来像是鼓起的脸颊。它浅褐色的柔皮颇为厚实，表面皲皱多裂痕。寒冬里，木叶凋零，接骨木迎来了"生长停滞期"，但特征鲜明的树皮让人不会将其认错。它那错杂纵横的繁枝此时显得非常脆弱，一派衰败气象让人以为它的美丽已经一去不返。难以想象这份美丽会在次年春来时重临。接骨木的主干（人腿般粗细）和枝条中藏有木髓，后者质如泡沫塑料，清亮柔软，一挤即出。

接骨木属扁平根系植物，根系先向水平方面平铺生长，然后才向下方钻，其地下部分和地上部分的占有欲同样强烈。接骨木于三、四月间抽叶，树叶呈羽毛状排列，五片（有时七片）一束，形成一束长约 30 厘米的羽状复叶。接骨木的叶片呈椭圆形，叶缘有齿，下表面脉络清晰，单片树叶长度可达 12 厘米。

揉碎的接骨木叶会散发出霉烂的气息，这种气味萦绕着接骨木丛，常年不散。人们用传说对其做出合理的解释：据说，犹大在出卖耶稣后自缢于接骨木枝头。我们至今仍有疑问：犹大是如何在接骨木丛上自缢的？即便灌木丛生得高大、茂盛，想必也难以实现。中世纪时期的这一传说，或许只是为了让接骨木获得小民们的崇拜——这种崇拜从古延续至今，辈辈传承。直到如今，可怜的接骨木仍以无辜的姿态散发着恶臭。

有人叫我"接骨木妈妈"，有人叫我"树妖"，但我的真名是"记忆"。
——汉斯·克里斯汀·安徒生

众所周知，直到 18 世纪时，接骨木仍有"Flieder"（丁香花枝）的别名。这不是因为它与我们熟悉的丁香树之间有亲缘关系，也不是因为它的气味，而是因为它的羽状复叶随风起舞时的翩翩姿态与丁香树实在太像了。

接骨木耗费心血，完成抽叶的使命后，便停下来休整一番，它要调整状态，迎接五月的花季。接骨木繁花似锦，比起七叶树和刺槐也毫不逊色，是德国本土物种中最美丽的生灵之一。它粗壮的圆锥花序长度可达 30 厘米，缀满细小的白花，花分五瓣，绚烂夺目。成熟的接骨木上盛放着千百穗白花，一株接骨木就是一小片星空。接骨木的花序初时坚实光滑，手感如蜡，继而变软，香气冲鼻，充斥着生命的活力。从花开到花谢，从盛放到凋零，这一切都在接骨木身上发生得如此迅速。或许下列传说也是由此而来——据说，每丛盛放的接骨木都是一位精灵的摇篮。

接骨木的乳白色星形花朵从八月开始发育成果实，黑紫色的浆果表皮光滑如镜，内含血红色的果汁，接骨木果汁沾上皮肤后颇难洗去，白衬衣染上后则几乎无法洗掉。伴随着果实的成熟过程，接骨木的深绿色花梗也转为勃艮第酒红色；果穗被自身重量压弯，垂向地面，此时的接骨木丛色彩绚丽多变，层次微妙。黝黑发亮的接骨木莓直径约 0.5 厘米，内含 3 粒种子，因此，从严格意义上来说，接骨木莓属于核果。蓝山雀、白脸山雀、茶腹鸸和椋鸟都喜欢在接骨木上筑巢，它们热爱成熟的接骨木果实，并为接骨木传播种子作为回报。这种由鸟类传播种子的方式，为接骨木的传宗接代提供了保障。接骨木的种类有 10 种左右，均为雌雄同株植物，属五福花科。然而在 2011 年，接骨木又被划分进忍冬科，此前出版的专业书籍中的相关知识点也随之变成"错误"的了。

欧洲最常见的灌木之一

—

接骨木和榛树同属欧洲本土最常见的灌木树种，但它并不只偏安于欧洲一隅，在非洲北部、西伯利亚和几乎整个亚洲都能见到接骨木的身影。它们有的不请自来，在我们的花园中安家落户；有的在野花遍布的草地上生根发芽、开枝散叶；有的紧贴森林边缘生长，姿态亲昵；有的默默无闻，藏身在树篱之中；还有的排成队列，群立于溪流两岸。一旦扎稳树根，它的生长就无法再被外力压制。即使被砍光伐净，它的残桩也能重新振作，很快又长成一丛葱茏的灌木，再活上一个世纪。接骨木同榛树等灌木一样，能通过营养生殖繁衍，并以此实现永生——至少是遗传学意义上的。

接骨木常爱亲近人类。它本分而知足，能耐霜寒；阿尔卑斯山地区的接骨木能在海拔 1600 米的高处生长。

接骨木不仅秀色可餐，还能为我们带来货真价实的舌尖上的享受。全球规模最大的接骨木种植区在奥地利的奥斯特施泰尔马克（Oststeiermark），当地人至今仍以手工的方式采摘接骨木莓。该地出产的接骨木果汁、接骨木花茶和接骨木果酱风味极佳，堪称一绝。过去，医生会给孩子们开接骨木汁的处方作为增强抵抗力的药品，这种药品惹得他们愁眉苦脸。今天，普罗赛柯酒[1]流行广远、饱受欢迎，其中的接骨木花浓缩汁令酒液具有果色和果香，赋予起泡酒以清新、爽口的特色风味，这使得接骨木真正变得脍炙人口起来。

可靠的水源指引者，绚烂缤纷的树中奇迹

–

接骨木也被用于染色。长久以来，人们用接骨木给亚麻、布料、织物以及毛纺织品、皮革和红酒染色。接骨木是最强效的天然染色剂，无论根、茎、花、叶，几乎全身都能用来提炼染料。如今，我们也能在互联网上找到大量的帖子，指导我们如何在家庭生活中利用接骨木。接骨木树叶的着色效果极佳，但用于提炼染料的接骨木树叶需要经历长时间熬煮。熬煮成浆后加入醋，可用于织物漂白；加入明矾则可以加深各种绿色调。成熟的黑色接骨木莓果染色效力更是惊人，其果皮中桑布雅宁（一种紫罗兰色的天然染料）的含量高达60%。早在古罗马时期，富裕的上层阶级女性就将红色的接骨木果汁当作染料，不光用于印染织物，也用于染发。接骨木莓汁能抗氧化，保护人体细胞免受自由基的侵袭，这可是现代化学染剂所不具备的特性。（需要注意的是，接骨木浆果未经熬煮不得食用，未成熟的接骨木莓有轻

---

1. 普罗赛柯（Prosecco）是一种意大利起泡酒，口感为干或极干。普罗赛柯因是一款名为"贝里尼"的鸡尾酒的主要配料而知名，因比香槟酒价格更实惠而越来越流行。

微的毒性，会引发消化系统问题。）

接骨木树皮也是极为重要的染色原料，接骨木树皮熬汁后与醋混合，可用于黑色织物的印染。

接骨木之名（Holunder）指明了其本来的象征意义：霍尔（Holle）[1]女神名字的诸多变体——"Hel""Holla""Holda""Hulda"都与"Holunder"一词相关。"Holunder"一词包含了诸多名号，正如其浆果包含众多种粒一样。Holle 是亡灵国度的女神，也是众水的掌管者，司掌深井、池塘和湖泊。同时，她也是生命和变化的主宰。在现实中，接骨木能够指引人们找到水源，它们时常流经接骨木根下的地底深处。法语中的"接骨木"（Sureau）一词也道出了这一情况，其字面意思为"水面之上"。

> 万物之精在土，
>
> 土之精在流水，
>
> 水之精在草木，
>
> 草木之精在人。
>
> ……
>
> ——《歌者奥义书》1.1.2，摘自《奥义书》

"Hel"一词不仅是这位伟大女神的名讳，也是她隐藏的亡灵国度的名字。逝者会被接纳，并引渡进这个世界。德语中的"Verhelen"（隐瞒、保密）一词即与亡灵之国的隐匿相关。然而，"Helios"是希腊神话中太阳神的名讳，但岂能因此就说这一名词与 Holle 女神无关？接骨木的繁花不正是成千上万的小太阳吗？诚然，这一联系出乎我们的意料。Holle 也是地下世界的女神，英语单词"hell"和德语单词

---

1. 日耳曼神话中的农业保护神。

"Hölle"皆由此衍生。在词源学上，"Hel"这一音节与"alles"（一切、万物）有亲缘关系，与"heilig"（神圣的）"heil"（解脱、福祉、拯救、保佑、安康）等词也不无联系。Hel起初是母神，司职丰饶和生产，是生死之母。童话《霍勒大妈》妇孺皆知，其中的主人公霍勒大妈即霍尔女神在民间童话中的化身，伟大的霍尔女神将我们的生命线纺成一块粗料帕子，这块帕子的颜色则由我们自己来决定。这根丝线会在我们死后被重新摊开，预备编织新的东西——它被嵌入线盘，女神的伟大纺车永远在转动。

古代日耳曼部落会将死者埋在接骨木树下，几百年后，殡葬人员通常会在死者入殓之前在其身旁放上一根接骨木树枝。在民间风俗中，接骨木还是人们对抗邪恶法术、驱除魔鬼的有效武器。

或许以上种种便是人们将接骨木视作"亡人之树"的原因。

接骨木具有神秘属性，在数个世纪的时间里，砍伐和伤害接骨木都是禁忌。与刺柏共生的接骨木（所以也叫"Holderbusch"）是灵性梯队上地位最高的物种，隐藏着诸多生命的秘密。

据流传于阿尔卑斯山区的古老传说记载，人们只有在接骨木莓神力的帮助下才能取得蕨草的种子，神奇的接骨木莓因而被视作珍异之物。古人认为蕨草种子不能为人眼所见，因此也不能为人手所采撷，服食蕨草种子能令人隐身，故而蕨草种子比黄金更为珍贵。根据这则传说（这传说少有人知），只有一种方法能助人采得蕨种：采种者须于1月6日深夜进入森林，在地面上画一个有魔力的圆圈，然后佩戴接骨木莓，置身于魔圈的圆心，这些接骨木莓须于前一年的圣约翰之夜（6月23～24日的夜晚）采摘。此时施法者功德圆满，蕨草种子便为其显现，它们被包裹在一方晚餐帕子里，可以赋予术士以强大的魔力。然而，现实中的接骨木要到七、八月才结果，人们不可能在圣约翰之夜采集它的莓果，于是这一法术也就没有了操作的可能。对于年轻的巫师学徒来说，另一则坏消息是，他们狂热追寻的"蕨草种子"

根本就不存在，蕨类植物不会开花，只散播孢子。所以，看不见它们的种子也就不是什么稀罕事了。

接骨木是最具效力的药用植物之一，为日耳曼人和凯尔特人所推崇。接骨木是椴树之外唯一所有部位都具药用价值的植物。

"皮、根、叶、花——皆蕴力量，皆有疗效。"民谚如是说。

根据古老偏方中的记载，接骨木是最能吸收疾病的树木，无论乔木还是灌木，没有其他植物能与之匹敌。牙病患者用接骨木刨花扎破牙龈，以期将痛症移入木头内部，也可以在月亮逐渐丰盈的过程中将脓疮和溃疡移到接骨木的树身内。尚有许多类似的"祝福疗法"广为人知，分别针对痛风、风疹、咽喉肿痛等症，简直没有接骨木对付不了的病痛。接骨木的诸多医用价值如今已经得到证实。当然，现代人利用接骨木的方法要温和许多，不像古老的偏方那样粗犷、血腥，主要是饮用接骨木花茶或用接骨木干花煮水泡澡。相关的方子多如接骨木的繁花，无论过去还是现在，对善假于物力的人而言，接骨木都是造物者的馈赠。

> 接骨木花煎成的汤水温和无害，不可能因为误用而导致意外；另一方面，其效用又极强，服用者不可能徒劳无功。
>
> ——爱德华·肖克博士，《高级草药学论著》，1946年

在乐器制作方面，接骨木也扮演着双重角色。其拉丁学名"Sambucus"与一种名叫"Symbyke"的古波斯乐器相关，它形似竖琴，用接骨木制成。波斯人截取老接骨木丛的新枝，制成这种三角形的弦乐器，阿拉姆地区的人称之为"Sambbeka"。

另一种接骨木乐器则更为贴近大众。人们可以截取接骨木的枝条，挤出松散柔软的木髓，得到一根空心木条，只需些许技巧，就能

将其加工成一支木笛。从它散发着清香的孔窍中淌出明快、爽朗的曲调，宛如接骨木叶丛在清风中的脆响。

直到今天，接骨木的木髓仍为钟表匠人所珍视，他们将它作为掐丝工艺中的洗涤剂，用其去除少量的多余油渍。绘画者们则将这种木髓当作擦拭剂使用，在炭笔画中制造中间色调的效果。

接骨木神秘莫测、变化多端，实乃神奇的造物。它能为我们讲述无数的故事——关于生命的起源、深度和奥秘，只要我们重新学会聆听。

欧洲赤松

Pinus sylvestris L.

　　赤松看起来有些凌乱、略显疲惫，像是同风跳了太久的舞。但与风共舞的赤松并不会任风愚弄。虽说风总在这场共舞中占据上风，有时甚至能将松树摧折，但我们仍会有一种感觉——赤松在试图引导长风，赤松对风屈身而就、委身于风，是因为风给它以支撑和保护之感。然后赤松生出千百种姿态，每种姿态都富于激情和生命力。

　　若谁在意志清醒的情况下伸手透过那龟裂泛红的树皮抚摸赤松，便会感觉到一股暖流经由粗糙的树皮纤维流向掌心，似乎是赤松在向你倾诉衷肠。怡人的芳气从赤松的每个气孔沁出，让人的胸腔在不经意间舒张开来，好将其深深地吸入体内。一株健康而伟岸的赤松会散发出一种气场，这气场向四面扩散开来，逐渐消隐于远方，像一阵缓缓飘散的清朗声响。树下松果四散开来，像被无名之手随机扔落于地，数量多到看不出大小肥瘦的差别，它们被弃置于树周，直到一点点分解、腐烂。

森林边缘，赤松沉浸于梦，

白云数缕，头顶朗朗晴空，

如此沉静，教我听得分明，

那源于自然的静默之音。

四野阳光洒遍——道路旁、芳草地！

树梢沉沉寂无语，微风睡不起，

耳际偏有微雨，

声声细又轻，悄叩叶之穹顶。

——特奥多尔·冯塔纳

　　烈火与狂风是构成赤松的元素，两者也曾是森林所具有的无上力量，是森林生命活力的组成部分。它们执掌着生杀大权，既可令森林繁荣昌盛，也可令其遭逢悲痛和不测，但那发生在人类介入自然的千百万年之前。松树是光明之树，从众多角度上来说皆是如此。

风与光之树

一

　　独自伫立的赤松会长出颇为宽阔的树冠，其形状像是被风吹出的一般，在树下投下暗深的阴影。但在冬季多雪的地区，赤松的树冠会狭长许多，有着尖尖的头，像极了云杉的树冠。不过因为赤松对周遭环境的反应相当敏感，所以其主干不会像云杉那样笔直。赤松有时甚至能长到 50 米，凭借高度压制云杉，在欧洲最高树木的名册中，赤松和银冷杉都榜上有名。主干直径超过 1 米的赤松并不罕见，赤松针叶的长度可达 8 厘米，呈蓝绿色，颇为柔韧，但尖锐异常。这

美国境内生长的一些松类植物，只有在数百摄氏度的高温火焰下，才会张开它们含有种子的球果。这让它们能抢在其他植物之前，在经过焚烧的土地上安家落户。

些针叶长居枝梢，能持续 2～4 年不落，其新旧更迭自有规律。最老的一批针叶会在秋季大批脱落，但相对较新的针叶仍会逗留在枝头，让松树不至于光秃。

松树皮的外观特征颇为鲜明，红棕色的树皮开裂成厚片，裂片之间深沟纵横。欧洲赤松树干上部表皮光滑，有着与狐狸毛相似的红色，这是欧洲赤松与其他松树之间的显著差异。火焰也是赤松的元素之一，因此赤松也懂得如何武装自己、抵御烈火。赤松树干下部的树皮极不易燃，能保护树身免遭林火之厄。然而，最容易遭遇林火的偏偏也是松树林，火焰能够轻易燃透饱含树脂的松木，一路烧到树冠，干燥的松针因此纷纷爆开。

对极度喜光的松树而言，没有树荫遮蔽、营养物质丰富的土壤，恰好是理想的生长环境，比如林火过后的土地。天然森林中的树木可能因遭雷击而着火，甚或发生自燃，但由于天然森林中的树木之间间距足够大，这种失火往往不会危及整片林木，甚至对于林木的更新至关重要。但人造经济林中树与树之间的间距极小，树木们往往没有避让火焰的空间，因此，森林火灾在经济林中往往难以控制，导致灾难性的后果。

风是关于松树的第二种元素，因此它们有着深而坚固的垂直根系，能比其他树木立得更稳。松树树根的入地垂直深度可达 8 米，向水平方向生长的根系甚至能长达 16 米！因此，只要生长地点恰当、土质适宜，松树就极难被风拔起，可惜这两个条件难以同时满足。松树是德国境内继云杉之后种植频率最高的树种，因此，它们常常在并不适合它们的环境中生长。

出于以上种种原因，即便在专业文献记录中，一株松树最多也只能活 200～300 岁。事实上，一株自然生长的健康松树可寿至千年。

欧洲赤松遍布全欧，其足迹远至东西伯利亚和中国。它们生长于斯堪的纳维亚半岛，也涉足阿尔卑斯和比利牛斯山区，是分布最广的本地树种。但赤松在中欧并不常见，在德国，赤松与云杉命运相同，数百年来被大面积种植，占本地林木比重的 23%，位居第二。

松花与松果的奇迹

—

欧洲赤松是雌雄同株植物，但雌雄异花。其花期开始于每年四、五月份，黄色的雄性花序体积较小，长达两厘米，状如轧辊。清风从每穗雄性花序上带走近 500 万粒花粉，这些花粉随风穿林过木，状如小团的金黄色浓云。通过花粉粒中的两个气垫，这些花粉可以到达极远的地方，有时甚至能飞行几千米，此时雌性花序已经张开鳞片，做好了迎接花粉的准备。这些雌性花序长约五厘米，色呈紫红，一小簇一小簇地生长于枝头。现在，球果的成熟圆满指日可待，松果凭借其独特的空气动力学结构引导路过的气流，肉眼几乎不可见的微小花粉如受无形之手的牵引，沿着设定好的路线流入松果内部，也许只有松树花粉才能进入松

松树球果与人类的松果体颇为相似，后者的德语名"Zirbeldrüse"或许与"瑞士石松"（Zirbelkiefer）有关。松果体位于人脑正中，能为光照和黑暗所刺激。古希腊的医生和解剖学家认为它是"思想门户"。

果，因为其他树种花粉的密度与其全然不同。同时，由于造型结构不同，花粉对气流做出的反应也不尽相同。松树已经在黑暗无光的松果内部做好了迎接花粉到来的一切准备，比如让花粉滑向适当的方位，在正确的位置上着陆。

未成熟的松果会在授粉完成后闭合鳞片，并通过分泌松脂，进一步密封松果上的鳞片状孔隙。这时松果转为草绿色，其内部的受精卵还需要经过一年时间才能发育成种子——直到两年后的残冬或初春时节才发育完成。此时松果早已木质化，变为灰褐色。当空气干燥时，

松果就张开鳞片，释放出第一批松子。当夜晚来临或下雨时，由于空气湿度较高，松果又会重新闭合。

小型的昆虫们会利用这个时机，趁着夜晚或天气不佳时，把松果当作临时停车场。生有两片小翅的松子可以被风送出两千米之远，它们也有可能被鸟类吃掉，并因此传播到远方。一株健康的松树每年可结出大约 1600 枚松果，每枚松果大约能产出 100 颗松子。

关于德语中松树"Kiefer"这个单词

—

赤松脂旧时名为"Kien"，因此，德国人将用于燃烧发光的小块松木称作"Kienspan"。早在石器时代，后者就被用作光源。人们还常将"Kien"（松脂木）和"Föhre"（松树）相结合，造出诸如"kinforen""kinfar""kinfir"等词，以上都是"松树"一词的各种民间叫法；拉丁文中的"Pinus"一词最初被用于其他许多种类的针叶树。因此，现代人常常难以理解该词所代表的意义，不明白具体指云

杉、银冷杉还是松树。该词的原始含义为"尖针"，故赤松的拉丁学名"*Pinus sylvestris*"大意为"林中尖针"。

迄今为止，人们对琥珀的成因尚无定论。或许是松树的"金泪"成就了它们的不朽，这些历经近5000万年岁月的出土物闻名遐迩，至今仍被用于医疗。在中国，人们会出极高的价格购买这些蜜色的饰品，尤其是当它们的内部保存了几千年前的昆虫时。琥珀常见于北海和波罗的海沿岸，是海浪将它们冲击至此。

笛声与弦乐

_

松木以各种不同的形态进入了音乐史。用松木制作的笛子音色洪亮低沉。它还为弦乐器提供了一种极为特别的物质——松香。这是一种由松脂提炼而成、用于涂抹琴弓的固态物质，能赋予乐器一种稳定、准确的音色。松香像第二层外皮一般包裹着琴弓，但是这些用马鬃制成的弓弦在上完松香后还需要悬挂片刻，才能在演奏中拉出动人的声线。这是因为，松香因为摩擦生热而融化成为流质后会产生一种黏性，让被拉扯的弓毛因快速回弹而带动琴弦振动发声，一种美妙的音色由此产生。随后松香又重新凝结成固体，音乐就在这种循环往复的过程中得以持续产生。虽然乐器的音色取决于乐器和松香的质量，但最终还是取决于演奏者本身。

耶稣基督的十字架——用松木制成？

_

松树是如此重要，令人惊讶的是民间很少流传关于松树的神话，民俗中也鲜见松树的踪迹。人们认为，阿勒颇松在2000年前的加利利

地区 [1] 颇为常见，罗马入侵者们不仅将这些松树用于造船，也用来制造刑具——钉死耶稣基督的十字架很可能也在其中。

印第安人的社会中流传着一些与松树相关的传统，比如黑脚族人用松木制作所谓的"历史手杖"，部落中最年长的人会将这些木棍奖赏给族中的儿童，木棍上刻有凹痕，凹痕的数量即为某个孩子应该听到的故事数量，想要听故事，就要用恰当的行为举止来换取。纳瓦霍人的战舞中包含一种需要使用松针的仪式，从松木中获取的树脂则被用于在皮肤上涂抹花纹。根据中国的一些书籍记载，居于深山的道士们将松子当作重要的营养来源，且认为松子有令人长生不老的功效。甚至在埃及石棺中也发现了松子，然而在那个年代，当地并无松树生长。

古希腊人将许多松树献祭给全能的自然之神潘，这些树木在神龛、祭坛和圣火附近占据着重要的位置。数千年后，强大的维京海盗首领们去世后，也会被装裹在松木长船中安葬。

德国境内生长的位置最暴露的松树，当属生长于奥尔巴赫城堡（位于黑森州南部的本斯海姆）废墟角楼上的那株。这株树龄为 250～300 年的古树牢牢扎根于断壁颓垣，从绝佳的角度眺望着莱茵平原和奥登瓦尔德。

松木的医用价值

—

松木（在阿尔卑斯山区被称为"Zirbe"）能促进人体健康，这一点如今已得到证实。光是在松木打造的床榻上睡觉，就能让人的心率降低大约 10%。

我们可以徒步穿越松林，一边漫步一边做深呼吸，以此体验松

---

1. 位于以色列北部。

树的另一层妙用。数千年来，松树都被用于肺部治疗。时至今日，人们仍用松树制作沐浴添加剂、松叶茶、油膏和麻醉吸入剂。这些产品都有放松和镇定的功效，能缓解咳嗽症状，令人头脑清爽，刺激肺功能，还能促进血液循环。

大多数种类的松树的针叶和枝梢都含有芳香油，这些物质被认为具有杀菌和消炎的作用，自然疗法用它们治疗皮炎、风湿和肌肉疼痛。额头和上颌窦发炎的患者也可以在蒸汽浴中使用松针萃取物质，吸入这些物质对缓解病情有所帮助。

用中欧山松的枝条、针叶和枝梢提炼的芳香油气味清新怡人，兼有杀菌消炎之效，常被用作桑拿时浇水的添加剂或者感冒时的泡澡剂。松树的妙用无穷无尽，能让我们重新体会到大自然的神奇。

古罗马人曾浇铸一枚数米高的青铜松果，即"Pigna"（意大利语"松果"）。如今这尊青铜像位于梵蒂冈博物馆的松果喷泉正中央。

欧洲落叶松

Larix decidua

数千年来，对阿尔卑斯山区的居民而言，落叶松或许是最具特殊意义的树木。从春天到秋天，落叶松以其丰富多样的色彩诠释了生命的意义。春天里，落叶松轻薄到透明的嫩绿针叶轻柔宜人，犹如小山毛榉的新叶；春去秋来，残夏唤醒了落叶松的热情，它们脱去单调的暗色，化作熊熊火炬，燃烧着生命的激情，秋日长空的颜色总是一成不变，落叶松却如燃放的焰火，任其冲天而起。它将整片高谷和山冈都变成了一片炽热的奇观，这奇观由橙色、明黄和鲜红组成，就好像它在铺开一张前往冬天的红地毯一样。诸般色彩浓烈至此，肉眼几乎难以承受。

脂浓于水

—

和其他本地针叶树不同，落叶松会像落叶阔叶植物一样，在秋天时脱去袍服。俗话说"血浓于水"，殊不知树脂亦然。落叶松的树脂含量极其丰富，哪怕只是在树皮上轻轻一划，树脂也会从划痕中汩汩渗出。随着芳香流泻出来，落叶松与枝叶繁茂的松科植物（Pinaceae）之间的亲缘关系很快便能被揭露。

阿尔卑斯山地区的落叶松最高能在海拔 2400 米的地方生长，一些中等高度的山脉也是它们的安居之地。除此之外，野生落叶松在欧洲较为罕见，仅分布于喀尔巴阡山脉和苏台德地区。平原地区的落叶松多为人工培植，德国境内的落叶松仅占林木比例的 3%，属于树木中的"少数民族"。

小落叶松树皮平滑，泛着绿色，老年落叶松树皮表面褶皱堆积，且时常生有苔藓，为其平添一份神秘。苍老的树皮皲裂成片，挂在落叶松的树干上，落叶松的树干有时能长到直径两米宽。

落叶松富于活力的根系让它们得以在阿尔卑斯山区站稳脚跟。它们的心形根系能够穿透坚硬多石的土层，土质较软时，落叶松扎根最深可达两米。

仰天欢呼，抑郁致死

深暗的冬季里，落叶松也变得更加深沉，针叶落尽，失去绚烂的色彩，也不再轻柔矫健。因此，古罗马学者老普林尼才在其于公元 77 年完成的著作《自然史》（Naturalis Historia）中将落叶松称作"Arbor hieme tristis"（冬悲木）。落叶松来自广袤的阿尔卑斯山林，此外则成群结队地分布于林缘地带。只要我们留神观察，就能发现它们的存在。我们很少能在密林中见到离群的独生落叶松，一旦遇到，就不会将它们认错，因为它们的身形常常像被风吹弯一般弯曲。落叶松需要和其他树木之间保持相当的距离，只有这样，它们对光线的渴求才能得到满足。落叶松往往不像云杉和银冷杉一样笔直对称，遭遇挤压的落叶松会在长到高处后贴近临近的树木，姿态小鸟依人。落叶松常以独特的形象登台，个性突出，独一无二。它们的梢头常显得歪歪扭扭，有时候，最后几米的那截树冠看起来相当笨拙，弯曲、别扭地拗向天空，让人以为它们缺乏挺拔向上的勇气；有时候则活像小矮人的尖顶帽，透出些许冒失。

落叶松的树冠会随年岁增长而逐渐变宽，枝条沿水平方向伸展，

使整棵树形如一只抛向上空的铁锚。一株落叶松被风暴折断后，那些较粗大的枝条就会取代主枝的领导地位，一些落叶松会因此生出带有多个尖梢的树冠，数根主干同时指向上空，长成"枝形烛台"的形状。

论及生长欲望之强烈和生命力之顽强，落叶松不逊于任何松科植物。落叶松的高度能达到 50 米，树龄可达 600 年，个别植株的高度和寿命甚至能远远超过以上数据。

冬天里，落叶松光秃秃的，直到此刻，它惊人的分叉能力才得以显现，无数的嫩枝和短枝支棱着，枝头叶芽密密麻麻，包藏着来年春天的新叶。

早早开花的落叶松

一

落叶松属雌雄同株植物，同一株树上兼有雌雄两性花朵，雄花呈悬垂状，金色，体形较雌花小。落叶松属风媒植物，为避免花粉飞离雄蕊后沾在针叶上，它们会选择在抽叶之前就早早开花，较榛树、柳树和桦树略早。与悬垂的雄性花序不同，雌性花序直直矗立在细枝上，初时呈妖艳的紫罗兰色，继而转绿，最后木质化，发育成褐色的球果。球果的鳞片呈螺旋状排列，包裹着成熟的树种。落叶松的种子大小可达 3 毫米，生有一枚小翅，通过后者，落叶松种子能够实现对风能的最优化利用，但它们往往等不到随风飘荡，就被饥饿的鸟类从球果中啄出，次年春天，成熟的松子就成了众鸟雀的美食。

一棵健康的落叶松能结出 3000 枚松果，这些球果挂满枝头，一个个被松子塞得满满当当的。赤杨树的座上宾（赤杨的小球果与松果形状颇为相似）黄雀也常来落叶松梢头做客。

无数空空如也的球果会在树上逗留数年之久，直到落叶松将它们连同果柄从枝头抖落。事实上，落叶松的形态结构具有一种"裂解"功能，一方面能保护落叶松不被狂风吹倒，另一方面则能让它不断抖落细小的枝条，以防压垮树身。

落叶松的枝条非常易碎，故而在西里西亚语中被称为"折枝木"。在数九寒天里，烈风无情，绕树哮吼，落叶松也似在低吟一曲《勿忘凡人终有一死》（*Memento Mori*）。光秃秃的树冠和易折的纤细枝条都是脆弱易逝的象征。然而，待到次年春回，落叶松重新伸展出柔绿的新叶，以强有力的姿态战胜了死亡，彰显着造物主的神奇。

以上种种赋予了落叶松多重神秘色彩。

落叶松原产于寒冷的北半球亚极地，它们的领地一直延伸到西伯利亚的深处。落叶松是萨满眼中的神圣之树，他们眼中的另一种圣树是桦树。迄今发现的最古老的手工木雕——希吉尔神像（Shigir Idol）——也为此提供了依据。1890 年，淘金者们在距叶卡捷琳堡不远的地方偶然发现了这尊木雕的残片，柱身刻有几何纹样，柱顶雕着小得荒谬的人头，它的嘴巴张开，似欲呐喊，流露出来自远古的蛮荒气象。这件由一块完整的落叶松木雕成的古物已有 1.1 万年左右的历史，据估计，其原本的高度应在 5 米以上。因其长年埋于泥沼，接触不到空气，故而保存完好，

用落叶松木制成的木雕。

令人称奇。目前，我们尚不清楚这件木雕究竟是用何种手法刻成的，只知道它来自中石器时代，那时冰川刚刚消退，将它的领地交还于森林，而胡夫金字塔和巨石阵的落成都已经是几千年之后的事情了。

神话萦绕的传奇之树

一

在欧洲，尤其是在阿尔卑斯山地区，也存在着对落叶松的宗教崇拜。许多地方都曾生长着神圣的落叶松，比如蒂罗尔的诺德里奥。而在离特尔芬斯不远的格纳登瓦尔德，有一座名叫"马利亚落叶松"（Maria Larch）的圣地。据传说记载，17世纪时，人们曾在此地见证圣母显灵。根据该地坊间传闻，一名年轻的哑女在落叶松下进行了一次深度祷告后，便重新获得了语言能力。可惜那株落叶松已被伐倒，朝圣者只能用该树残桩雕制成千上万的幸运符和护身符，这棵生长于格纳登瓦尔德的圣树如今已荡然无存。

在过去，甲状腺肿的治疗必须倚仗信仰之力，患者"需于新月之夜，取小落叶松一株，咬下一圈树皮"。若该株小落叶松就此凋亡，甲状腺肿就有望痊愈。

欧洲海拔最高的修道院教堂的建成也是由于一株落叶松——在瓦尔德拉斯特的修道院里保存着一尊用松木桩雕成的圣像。根据当地的传说，1392年曾有一位天使降临该地，来到彼时已成空心的松木桩前，说道："这树当繁盛，以慰天上的圣母！"人们将神圣的落叶松视作"萨利根"（Saligen）的居所，它是一种类似精灵的生物，守护着神圣的知识，同时也保护人类和动物。老普林尼的笔记中记载，落叶松的木材具有耐火性，因此阿尔卑斯山区的许多场院都选用落叶松搭建墙壁，制造屋瓦。人们视落叶松为具有强力保护作用的神树，因而是庄园和农场附近的常见树种。

数百年来，"落叶松膏"（Lärchenpech）一直是民间偏方中的不可或缺之物。这种油膏用落叶松的树脂提炼而成,民间医生认为它能愈合伤口、镇痛消炎。人们可以轻易地制作出高质量的落叶松膏。

建造桥梁、磨坊和窗户的良材

—

若论木质坚硬耐久,落叶松当为针叶树之首,这是它与落叶树的又一近似之处。哪里需要经久耐用的木材,哪里就有落叶松的身影。修筑水利工程时,即便是橡木也不能从质量上盖过落叶松的风头;桥梁和磨坊的建造、矿坑工程和土方工程也离不开落叶松。此外,落叶松也常被加工成桶;在高层建筑中,人们尤其喜欢用落叶松来制造窗框、门扇、地板和台阶。

小叶椴
Tilia cordata

当你偶然偷得半日闲暇，欣赏一棵野生的成年椴树，它将留给你无与伦比、挥之不去的感观印象。椴树形态雄伟，却又从每一处纤维中散发出柔和的保护力量，那样温暖和煦，仿佛是你的友人正在拥你入怀。椴树能令人类的所有感官都欢欣、愉快，它那柔和的气息、壮丽的外观，即便是椴树叶在风中发出的沙沙声也没有丝毫刺耳之处。它的树皮和叶子都给人以亲切、熟悉之感，像是老朋友把手放在你肩上，你很难做到在背靠一株椴树时仍沉浸于忧思。无数蜜蜂在椴树下振翅嗡鸣，这是一个闲散的灵魂所能想到的最梦幻的画面。

也许椴树是与人们距离最近的树木，虽说如今已经很难在森林深处发现野生椴树，即便偶尔见到，也多为独生的孤木，最多不过三两成群。椴树是人类文化史上最重要的树木之一，千百年来忠实地陪伴在我们身边，这或许是对它稀缺数量的一种补偿。椴树的家园早已不在森林中心，而在村庄正中，村民们爱在椴树下集会，因为它的树影透着安逸、从容。我们在道旁、街边、十字路口，在路旁的圣像柱边与椴树邂逅，感受它们长情的陪伴。我们有时也能在教堂墓地中见到椴树的踪影，它以庇护者的姿态迎接我们走向最后的归宿。

位于欧洲的热带树种

—

全球有大约 40 种椴树，但只有少数几种是欧洲本地的原生物种。本地原生种主要为阔叶椴和小叶椴，两者极其相似，较难区分。阔叶椴叶片较大，全叶有茸毛，嫩苗和芽尖也不例外。小叶椴则无上述特征。但两者在大小、高矮上则几乎毫无差别。两者可杂交，生出名为"西洋椴"的新树种，这进一步增加了区分椴树的难度。某种椴树学名为何，它有多少个染色体，人们要怎么劈开椴木？或许这些都不是关键。因此，为了篇章的完整性，本章也会涉及在欧洲本地出现的克里米亚椴和银毛椴。

小叶椴是最强健的欧洲树种之一。所有椴树都属于锦葵目，而绝大多数锦葵目植物都属于热带物种。因此，椴树能够在海外认下一些亲戚，比如它们远方的姨妈——可可和棉花。

迟来的美丽

—

椴树主干颇矮，但它们会在高处生出多个主枝（sympodial），并会多重分叉，最终能长到 30 米的高度。椴树树冠形态壮美，在没有旁树挤压的地方能够长成标准的球形，树枝几乎能够拂到地面。椴树叶以极其规则的对生方式排列，树梢的细枝呈扇状散开，以便实现采光的最大化。这让椴树具有了一定程度的耐阴性，同时也使自身的树荫十分浓密。这种树冠结构不仅让椴树成了公园和绿地上闪亮的明星，同时也成了让人能够躲避烈日的聚会和休憩的好去处。

椴树很晚才披上迷人的绿叶长袍。早至四月末，晚至五月初，它们绝美的心形叶片才转成柔和的新绿。椴树叶缘有极小的细齿，叶柄长度可达五厘米，叶片面积可达手掌大小。

到了六、七月，椴树就会开出阳光般灿烂的花朵。几乎其他所有本地树种都会在前一年年末时酝酿开花，让花朵在花蕾的保护下度过寒冬，迎接花季。

"在龙血里沐浴一趟，他变得铜皮铁骨，任何武器也不能伤害其身。"[1]

很可惜，《尼伯龙根之歌》的主人公齐格弗里德在用龙血沐浴时，没有提防落在自己双肩之间的一片心形椴树叶，这一疏忽为哈根的刺杀行动提供了可乘之机，让他的长矛能够扎进齐格弗里德的心脏。

---

1. 《尼伯龙根之歌：德国民间史诗》，曹乃云译，广西师范大学出版社，2017年。

而椴树是在开花前不久才开始在它的木质本体深处创造自己的花朵。椴树花开放时会释放出类似蜂蜜的细腻香气。椴树披上由数万个白金色花序组成的盛装，每个花序含有 10 朵左右的花，每朵花大约 1 厘米大小。椴树花兼具雌雄双蕊。为尽可能避免自花授粉，雄蕊的成熟期较雌蕊更早。不久，雌蕊成熟，花蜜汨汨淌出，每朵花每日可产几毫升花蜜。

　　椴树花的浅绿色萼片包裹着白色花朵和赭黄色的雄蕊，花蜜于萼片底部分泌产生，满怀渴望的雌蕊从花蕊处伸出，这一构造确保了传粉的昆虫与雌蕊的亲密接触。昆虫们从某株椴树上沾满花粉，稍后又飞上另一株椴树，将花粉蹭到雌蕊上。为确保能够进入胚珠，花粉们会准确地落在雌蕊的柱头上。

　　椴树花蜜的分泌会在晚间变得更为旺盛，大量的蜜蜂、胡峰、食蚜蝇等昆虫以此种花蜜为食。直到雌蕊受精成功，花粉的分泌才告一段落，花朵外表的美丽逐渐消逝，但在花朵内部孕育着新的生命，即椴树的果实和种子。在今后的几个月里，椴树种子静静地长大，并于九、十月间最终成熟，发育成状如豌豆的圆粒状蒴果（即坚果）。这些坚果会在梢头待上数周时间，然后被风吹落，像直升机一般飞向四周——在一片舌形小苞叶的帮助下，它最多可以飞出 60 米远。但有的果实会一直悬在枝头，冬天叶落后，它们会与深棕色的椴树皮形成奇妙的颜色对比。

木岁千年，寿永无期

–

　　与其他许多树种一样，年轻椴树的树皮相对光滑，呈浅灰色。不同寻常的是，椴树的灰色树皮下潜藏着大量韧皮纤维，时至今日，人们仍用这些纤维制造绳索。随着年轮增长，椴树会长出漂亮的棕色树皮，其上布满深深的长条形裂纹。

椴树的心形根系向地下扎得极深，这让它站得极稳，并能在野外伫立千年之久。年老而霉烂的树干内部会生出气根，它们沿着树干向下生长，钻透树干，将其重新填满，让椴树得以继续存活。这些后来长出的树根有可能会从不断衰朽的树身上抢走养分，对其进行排挤，甚至在外表面构筑出新的树皮，老朽无用的部分最终被完全取代。有人怀着好心，希望能让年迈的椴树重新站稳，用水泥等材料填充空心的树干。殊不知，好心办了坏事：这么做无异于给可敬的树中寿星判了死刑。

小叶椴分布于平原地区和中等高度的山地。它们喜欢混迹于由橡树和欧洲鹅耳枥构成的夏季温暖的混合林里，有时甚至零星散布于松树林之中。它们几乎能够适应整个欧洲的环境，它们的足迹一直向东，最远到达高加索地区，但不会深入西班牙、意大利和希腊的南部。

椴树是真正的基督教之树吗

—

椴树是日耳曼先人眼中受爱神弗丽嘉赐福的圣木，这位女神为先民们提供保护、爱和治疗。德国境内许多具有重要意义的树木都是椴树，它们常与宗教建筑和圣所相关，常伫立于这些建筑附近。从中世纪早期开始，随着基督教的传播，异教中的诸多圣树的意义都发生了扭转，以便与基督教教义相适应，直至最终被基督教化。这就是数不胜数的"圣母马利亚椴树"的由来，这些椴树前常竖有圣像柱，这是静谧之所、凝神之处、祈祷之地。圣波尼法爵[1]曾种下一些椴树，作为许多遭他破坏的日耳曼圣树的替代品。黑森州的阿斯费尔德附近有一

---

1. 圣波尼法爵（680—754），日耳曼使徒、天主教传教士兼美因茨大主教。

株古老椴树的残余部分，根据传说，这棵椴树是圣波尼法爵亲手栽种的。从这一角度来看，银冷杉和云杉都不是真正的基督教之树，这一头衔应该归属于椴树——无论"圣诞树"多么流行。

椴树名字的象征力量

–

椴树的拉丁文学名"Tilia"派生自"tilos"一词，后者在希腊语中意为"韧皮"，这一名称也点明了椴树柔韧和易弯折的特点。至于到底是这种材料以椴树命名，还是恰好相反，这个问题直到今天都没有确切的答案。德语中的"Linde"一词或许源自印欧语词"lentos"，后者意为"平整顺滑""富于弹性"。

柏拉图已知，"真"与"善"、"美"距离不远。千百年来，人们积极利用椴树的诸般美德为自身服务，其中最重要的就是其公正性。

作为法庭的椴树

–

日耳曼人会在富有力量的橡树下集会，也会在代表爱的椴树下庆祝节日或召开法庭会议。这一习俗至今仍有遗风，前文提到过，很多村子正中会有一棵椴树，人们在树下集会，古人称这种集会为"Thing"。很显然，当时的人将椴树视作真挚之爱的象征，同时期的德语中也有诸如"gelinde gesagt lindes Urteil über die Schurken[1]"之类的说法。这一时期的许多文献中都出现了"judicium sub tilia"这一表述，意为椴树下的司法公正。"Subtil"一词如今被广泛使用，而其

---

1. "linde"（拼法与现代德语中的"椴树"一词相同）在古高地德语中有柔韧、柔嫩、温和、可弯折等意思。"gelinde gesagt"可译为"措辞谨慎的"，"lindes Urteil über die Schurken"可译为"对恶人的宽容量刑"。

词源也为其意义做了注释："微妙细致""难以捉摸"。大多数情况下，椴树下的庭审会给出相对温和、谨慎的判决，但也存在有人被判火刑的情况[1]——人类的疯狂一旦失控，即便慈爱的守护之树也会失去效能，无力阻止最可怕的事情发生。诸多具有传奇色彩的"女巫椴树"（Hexenlinden）昭示着大量可悲的历史事件，同时也从另一个角度让我们看到，在那个年代，奇妙的椴树与基督教教义之间靠得太近，因此造成了不幸。

德国境内有许多城市、村庄和教区的名字由来都同椴树渊源匪浅。有将近一千个地名都与椴树相关，比如莱比锡（Leipzig）这个名称源自索布语[2]中的"Lipsk"一词，后者意为"椴树之地"。

在这些德国最古老的树木中，曾有一部分作为"法庭椴树"（Gerichtslinde）见证过那段动荡的过往。彼时曾有无数人的命运被决定，判决结果常对他们有利，但并非总是如此。可以肯定的是，只要我们懂得聆听，这些椴树将会为我们讲述远古的故事和深邃的秘密。

椴树舞会

—

如今，村中的椴树下已经不再举行庭审，但有一项美好的风俗从中世纪延续至今，那就是椴树舞会。

我们至今仍能在少数村庄中见到这些椴树，它们苍劲有力，树冠宽阔，历经了千年的风霜。人们将大型的舞池地板固定在它们足有人腿般粗细的枝杈上。在通风良好的高处，蜜蜂嗡嗡地绕花飞舞，花中蜜液流淌，发出扑鼻的香气，椴树叶沙沙作响。此情此景让人不知不觉间便轻易相信了椴树述说的爱情故事，椴树投入夏夜的温暖怀抱，

---

1. 主要发生在猎巫运动和宗教法庭审判时期。

2. 德国的一种少数民族语言。

用如梦的低语讲述着这些故事。这些椴树美得令人心醉，至今仍有人在其中一些的树冠上起舞。这些椴树中的每一棵都值得写一本书，如果你不会写作，那就至少挑一个夏夜，在树上跳舞到天明吧。

歌德曾在《浮士德》中描写过椴树下的葛雷琴、博士和农夫。原文如下：

> 牧人为了跳舞而打扮，
>
> 花夹克衫、丝带、花环，
>
> 打扮得真俊俏。
>
> 大家聚在椴树旁，个个跳得如醉如狂。[1]

值得一提的还有所谓的"使徒椴树"——人为地将椴树的十二根树枝加宽，宽大的树枝再用橡木柱或石柱加以支撑，椴树由此变成了一座雄伟高大的凉亭，一眼望去便能让人顿生崇敬之情，人们也会在这样的凉亭下大办欢庆活动。最著名的"使徒椴树"位于瓦尔堡附近的格尔登，人们可以借助一架铁制悬梯登上树顶。埃费尔特里希的市中心也有一棵类似的树，它的树冠宽阔，压得很低，由一个带有 24 根柱子的双排梁架支撑着。

"Lignum Sacrum"——神圣之木

椴木的质地极均匀，颜色明亮，近乎洁白。它轻便柔软，可塑性强，如椴树本身一般令人感到愉悦、舒适，是雕塑、雕刻和车削的理

---

1. 《浮士德》，歌德著，钱春绮译，上海译文出版社，2011年。从这里来看，中文翻译其实还是与德国人的理解有差异。

想材料。值得一提的是，几乎所有用椴木雕成的艺术品都具有基督教象征意义，因此椴木也被称为"lignum sacrum"——圣木。

此外，椴木也是制造竖琴和琴键的极好材料。

用于医疗的椴树

—

椴树是用于减轻疾病的珍贵药物原料，这也是人们对所有温和的树木的期待。椴树，这位人类的好朋友，全身都是宝。然而在古典时期，椴树的医疗价值还没有得到广泛应用，关于椴树用于医疗的最早记载出现在普林尼和盖伦[1]的文章中。在宾根的希尔德加德时代，人们使用的主要是椴树的皮和叶——希尔德加德推荐人们用椴树叶敷眼，以达到明目的效果。在今天的自然疗法中，椴树对于感冒的疗效得到了验证，因为椴树花含有多种精油，有助于病人发汗。

蒂尔曼·里门施奈德在1490年左右用椴木雕成的杰作《与恶龙交战的圣乔治》。

---

1. 盖伦（131—202），古希腊解剖学家、内科医生和作家。

黑 杨

Populus nigra

那株黑杨高高耸立于岛岸，像是一只刚刚走出神话世界的巨型水怪。拉恩河上的这座小岛常年半没于水中，岛上有雄奇的石灰岩层，林堡主座教堂像王座般高居于岩层之上。从远处看不分明，不知道黑杨究竟是已经立于水中，还是只是距水极近。很容易看清的是，那株黑杨的主干粗壮得异乎寻常，在齐人胸口的高度就分裂成三根主枝。这"三胞胎"分别从不同的方向伸向苍穹，起初先是尽力伸直，直指教堂，继而越来越弯，像是对着教堂鞠躬垂首。也许，黑杨本是想把这份敬意献给缓缓流淌的大河。河畔尚有白柳数株，向河面垂下柔条，像是要挽住流水。但河水依旧从柳叶间淌过，就像光阴淌过我们的指间。

永恒的哀愁

—

在这片土地最雄奇的黑杨中，有好几株都生长于拉恩河上的阿诺德森岛岸。这些杨树映射出一种心绪，一种永恒的哀愁。河水呼啸着漫过古旧的堤坝，对岸伫立着熟悉的磨坊，人们能看到教堂和城市，所有这一切的存在，似乎都只是为了给这些绝美的杨树做陪衬，这道河畔风景像一座属于远古时代的遗迹。

黑杨的雄奇外表常常让人产生误解，以为它们适应能力极强。事实上，黑杨在与其他树种的竞争中处于下风。黑杨需要河流附近的肥沃土壤，而多数其他树种无法应对洪水的威胁，难以在这样的土地上扎根。能与黑杨比邻而居的，只有一些柳树灌丛，间或掺杂几株白柳，当然还有河滩地的"老住户"赤杨。但是，为了将河流改成直道或开垦耕地，人类排干了太多河滩地的水源，使得德国本土的天然河滩地正在不断减少，这对黑杨的自然生长环境和繁衍造成了相当大的威胁。黑杨的另一个劣势在于，它没有进化出能够保护它的种子的特殊营养组织，这种营养组织可以让种子即使被动物吞食，也经得起长时间的消化而不被破坏。

此外，对于像黑杨这样的雌雄异株兼雌雄异花植物而言，找到一名"伴侣"变得越来越困难了。因为它们十分少见，彼此间隔几千米是常事，雌树只好通过生产大量的树种（多达 2600 万粒）来弥补这一缺憾。

充满不确定性的旅程和花粉的秘密

—

黑杨由此登上了濒危树种的红色名单。其他类型的杨树的出现频率比黑杨高得多——除白杨、金字塔杨、欧洲山杨之外，大多数杨树都是杂交种，是纯粹的经济树种。所有这些杨树都有喜光和长势快的特点，其树龄通常为百年左右，少数植株可达 300 年。黑杨的主干直径可远超 2 米，在受到恰当保护的情况下，其树高可达 30 米。

年初时分，黑杨的枝头便长出狭长的叶芽，这些叶芽的表面附有一层蜜蜂喜欢收集的黏性物质。杨树于四月时开花，此时它们尚未抽叶。紫红色的雄性花序长度可达 8 厘米，呈悬垂状，分布于最上方的 1/3 树身，紧靠依旧闭合的叶芽生长，故而难以被人发现。杨树是风媒传粉植物，飘飞的花粉不会被叶片阻碍，因为它们此时尚未抽出芽苞。微小的花粉们从此开始了它们充满不确定性的旅途，只有极少数运气绝佳的花粉能被风带上正确的路途，但仅飞到一株雌树的近旁是远远不够的，这些可怜的傻瓜必须直接飞到雌花身上，才能成功完成授粉。这些黄绿色的雌性花序呈悬垂状，开放时长度在 10 厘米左右。

典型的林荫道树木——金字塔杨（又名柱杨）。

但不用太过担心，杨树的花粉还带有静电，能够被雌树直接识别，雌树会在花粉飞过的第一时间做出反应，并张开它们的花朵。

即便有了以上种种措施，花粉也不一定能令雌花受精，但这并不意味着它们生命的终结。

不同树种之间花粉的大小差异极大，直径小到 5 微米，大到 200 微米的都有。风媒植物的花粉通常极小（直径为 15～40 微米），这是为了方便风力运输。

花粉核（细胞体）被一层无间隙的外皮（孢粉壁）包裹，这道壁垒可分作两层：内层（Intine）较不坚稳，抗性较差，主要由纤维素构成。卵细胞受精的过程中，花粉管由此处生出。

外层（Exine）的化学抗性极强，由孢粉素构成。这层外壁能够有效地保护花粉，使其在气密封存的情况下保存完好。

黑杨果实于五、六月间便告成熟，其实是因为黑杨此时用了一个花招：杨树种子需要尽快找到适合生根发芽的土壤（尽管这样的土壤极其少见），肉眼几乎不可见的微小树种在一层绿色的外荚中发育成熟，慈爱的母树为它穿上绵软如绒的杨絮。外荚爆开后，树种随即被风吹走，它们披着雪白的绒袍，飞越城市、乡村和河流。在杨树多的地区，街面上有时能像搓棉扯絮一般，积满如雪般的杨絮，还曾出现过反对这一自然奇迹的声音。

浪子身形长，

长身立道旁。

道旁闲终日，

终日迎风长。

杨树貌粗莽，

久立脖颈僵。

不思务旁事，

但抚萧萧掌。

既无花果香，

亦乏叶影凉。

疏影翻飒飒，

徒令景色伤。

是树无裨益，

更教何人赏？

——弗里德里希·吕克特，《三名流浪者》

　　从未有像杨树这样评价呈现出两极分化的树种。当然，我们指的是在中欧自然分布较广的杨树品种，如金字塔杨、白杨、欧洲山杨等。有些人将杨树视作生命力旺盛的奇迹之树，认为杨树具有经济意义，能给人带来丰厚的收益。对另一些人而言，杨树却意味着危险：杨树常常伴随有断枝从高处掉落的危险；杨树还时常被风拔起；同时，人们也认为漫天飞舞的杨絮给他们带来了困扰。

　　杨絮长期以来一直具有重要的经济意义。研究显示，杨絮纤维的保温功效不逊于羽绒，但透水性比羽绒更好。无论是轻便和保暖程度，还是透水性，都鲜有其他天然纤维或人工纤维能与杨絮相提并论。从一株黑杨身上能收获大约200千克树种，这意味着同时能收获到10千克杨絮。这些杨絮足够塞满25床被子。目前有一些来自德国、奥地利和瑞士的企业正在用黑杨絮生产床上用品。成千上万的鹅可以松一口气了，因为它们再也不用被活生生地拔去绒毛了。

　　杨树属杨柳科，和柳树一样可以进行分蘖繁殖。当遭遇强烈高温和长期干旱时，黑杨较小的枝条会自行脱落，这些枝条被树下的流水带走，沿河漂流到陆地上，然后萌发出新生命。然而，对黑杨而言，更为成功的繁衍方式似乎是根须繁殖（营养生殖），它那平行生长的根系可向水平方向延伸 35 米，这能够确保黑杨新芽不会在母树的阴影下钻出地面，而是在光明中钻出地面，向世界探出头去。杨树的根系是它真正的奇迹所在——即便地面以上的部分毁于风暴或火灾，地下密密匝匝的根系网络仍会幸免于难，在一段时间之后生出新树。一批丛生的杨树能以此方式生存数千年。地球上最古老的杨树生长于美国犹他州，居于海拔 2000 米的高处：这是一张占地面积超过 49 公顷的根系网，约有 47000 株欧洲山杨丛生其上，以根须繁殖的方式不断更迭换代，这些杨树被命名为"潘多"（Pando）。据估计，其总重量不低于 6000 吨，树龄在 8 万年左右。

小黑杨皮色呈浅灰，质地较光滑，随着树龄渐增，树皮颜色明显转深，并长出深纹，赋予黑杨荒蛮原始的风貌。树干表面生出又大又圆的显眼突起，这些徒长枝和树瘤进一步彰显了它扭曲多结的奇异形貌。大幅度撑开的树冠形状极不规则，宽度可与树高相等。

> 湖水被灌丛环绕，椴树和柳树已然落叶，枝条如光秃秃的扫帚般探进灰色的空中。桦树身披金色秋叶织就的长袍，黄叶层层叠叠，状如鱼鳞；远方的杨树树冠绿中透出蜜色，为周遭风景平添一分春色；春天里，它们也以同样颜色的叶片赋予春光一丝秋意。

> ——莫里茨·海曼

黑杨的叶片极富特色，两片杨叶的形状可依叶柄长短而不同，其形状可在三角形和菱形之间，也有的叶片呈卵型，还带有显眼的叶尖。杨叶正反两面皆呈草绿色，无茸毛，有凹槽状锯齿；叶片长 5 ～ 10 厘米，叶柄长度最多可达 8 厘米。这些纤长的叶柄呈两端扁平的椭圆形，我们通常会将各类杨树叶片显著的运动方式归因于此。当然，最显著地体现了这些特点的还是欧洲山杨，但这不是全部的原因。据说在众树之中，只有欧洲山杨在耶稣受刑时无动于衷，没有弯下身去，因此上帝令其处于永远的颤抖和不安之中，这一传说当然是子虚乌有。主要原因是，杨树叶可以从各个角度弯曲，既可以上下拍打，也可以左右摇晃。除杨树外，桦树和槭树也掌握了这门技巧，但后两者在这方面都远不如前者。即便在看似风平浪静之时，这些树木的叶子也不会停止运动，让人感觉这些叶子在朝他用力招手。但这些树木为何要掌握这种"体操技能"呢？叶片的持续运动能将叶片表面的蒸腾能力提高数倍，木质部内部的吸力由此得到提升，这在极大程度上决定了植物的泵水效率。杨树不仅能够由此获取更多养分，还能让更多光线从飘摇的叶片间透过，这让杨树获得了极其旺盛的生长力。

白杨和黑杨（特别是黑杨）在古希腊分布广泛。杨树因为与流水相亲而被视作宁芙女神喜爱的树木。据说，这些仙子常在杨树树荫下庆祝她们的节日。但杨树在此时的阿尔卑斯山以北地区或许并不为人所知，因为日耳曼人的宗教仪轨中鲜见它们的踪迹。

树如其名

—

成年黑杨树皮颜色乌黑，如遭火焚，"黑杨"之名也由此而来。骄傲的白杨树叶片下表面呈绒白色，"白杨"的大名即与之相关。欧洲山杨（Espe）的德语名"Zitter（颤抖）-Pappel（杨树）"一词的由来则不需要解释。但在古高地德语中，这种植物被称作"aspa"，宾根的希尔德加德提及杨树时使用的也是这一名词。如今使用的"Espe"也是由"aspa"派生而来，但"战栗如山杨叶"是一句常见的俗语。

金字塔杨则是另一番面貌：它们如石柱般高耸向天，像一株身形过大的、误披着阔叶树外衣的刺柏。拿破仑让这种植物在德国变得高贵起来，在他的命令下，人们在他行军道路的两旁种上了成排的金字塔杨，这些植物从远方就能轻易看清，方便了行军队伍定位。

"Pappel"一词可以在全欧洲范围内追溯到一个共同的源头：古罗马人将杨树称作"populus"（民众），因为杨树叶子持续运动，从不停歇，正如普罗大众一样。

黑杨在全欧均有分布，但它们仍然更青睐于温暖的地带。尽管颇耐霜寒，黑杨依然极其喜光、喜暖。黑杨需要在近水处生长，短暂的淹水能让它们极其惬意，但滞留的积水是它们的灾星，它们会将这类区域让给桤木和白柳。

杨树软膏——治疗皮肤和灵魂的香膏

–

杨树是医药史上最重要的植物之一。早在 2500 年前，古希腊医者希波克拉底就建议眼部发炎者用杨树汁液涂抹眼部。迪奥科里斯在其成书于公元 1 世纪的《药物论》中数次提及杨树的医疗作用，比如用于治疗耳痛。

希腊医者盖伦则指出，可用杨树蓓蕾制成治疗炎症的药膏。

宾根的希尔德加德在其著作中提到过一种可用于缓解皮肤病症的混合药膏，其成分中就包括杨树皮。

民间医学认为杨树有良好的退烧功效，事实上，杨树皮中的确含有具有镇痛功效的水杨苷。千百年来，人们一直用杨树蓓蕾制成名为"Unguentum Populeum"（杨树软膏）的芳香油膏，它具有舒缓镇静、缓解疼痛之效，其中的有效成分能够缓解炎症、促进伤口愈合，此外还有消肿、促进皮肤更新的作用。

时至今日，杨树软膏仍被用于治疗皮炎和痔疮，自然疗法中则使用黑杨萃取物治疗神经性皮炎和牛皮癣。

从木鞋到渔网

—

杨树历来在木鞋制造业中占有举足轻重的地位，杨树根还被用于制作编织物，黑杨的韧皮可用于编织渔网。杨木富含纤维素，因而天生就是造纸良材。其质地柔软、容易加工，是文艺复兴时期的画家喜爱的底板木材。蒙娜丽莎就是在一截白杨（欧洲山杨）木板上向世人展示其神秘莫测的微笑。

杨木燃烧颇慢，因此一直被用于制造火柴。杨树生长极迅猛，常在种植园中得到大规模栽培，这些人工培育的杨木被用于制造现代供暖系统中的燃料。这种为了获取能量而栽培的树林和短期轮伐的种植园都不能算作真正意义上的森林，而应该被视作农业用地。通常三年，最多十年后，这些杨树就会被收割，不久将重新萌发。

洋槐（刺槐）

Robinia pseudoacacia L.

药剂师兼植物学家吉恩·罗宾（1550—1629）先后担任过三代法兰西国王（亨利三世、亨利四世、路易十三）的宫廷园艺师。这位植物学家曾被洋槐的美丽所打动，将其引入欧洲，用于装点国王的花园——直到 16 世纪，洋槐还仅生长于北美。巴黎人因为城内最古老的两株洋槐而对罗宾心怀感激：一株生长在举世闻名的巴黎植物园，另一株（较前者更为高大壮丽）则在面向公众开放的勒内·维维亚尼花园里独领风骚，花园后方便是历史悠久的穷人圣朱利安教堂，教堂位于巴黎圣母院附近。后面这株洋槐由罗宾于 1601 年手植，路德维希十三世（路易十三的德语称呼）也于该年出生，他后来成了罗宾的雇主。

然而，罗宾在世期间，这种树木尚未以他的名字命名[1]。即便是罗宾

早在 1796 年，普尔法茨的国家经济主管 F.C. 梅迪库斯在其题为《假金合欢树》的著作中发出号召，呼吁人们大面积种植洋槐。

---

[1]. 洋槐（刺槐）的拉丁学名为 *Robina pseudoacacia L.*。

本人也将其误认为是一种金合欢，这一名号一直与洋槐形影相随，直到今天，人们都喜欢叫它"假金合欢"。多年后，卡尔·冯·林奈[1]创立动、植物双命名法，规范了植物学命名体系。为了纪念罗宾，林奈将这种树命名为"Robina"，紧随其后的依然是"pseudoacacia"（假金合欢的拉丁学名）。洋槐与金合欢惊人地相似，两者的变种众多，同属豆科中的蝶形花亚科。不过，真金合欢树的家园通常是风沙肆虐而非霰雪霏霏之地，若无人介入，它们极难在阿尔卑斯山以北存活。

在过去的数百年中，洋槐已经在它的新家园站稳了脚跟。人们驯化了洋槐，事实上，由于洋槐的木材利用价值高，它已经成为全球种植最广泛的树种之一。

洋槐对各种污染物和废气有不俗的抵抗力，是公园和街头的常见树种。它们伫立在马路和林荫道两旁，生长季里的洋槐能够让人忘却城市里的单调。

全球化的受益者

—

即便是在野外，洋槐也知道如何捍卫自身利益。洋槐是引进物种，并非本地原生植物，却有排挤其他树种的能力。洋槐颇具侵略性，一旦它适应了新环境，就很难再被扫地出门，这让洋槐在欧洲本土备受争议。但洋槐并非没有对手，树荫浓密的高大乔木往往能对其有所克制。因此，洋槐在德国林木中所占的比重仅为0.1%，在奥地利林木中占比为0.2%。即便如此，洋槐依然是最成功的外来树种之一，很少有其他树种能在起源地以外的地方取得像它一样的成绩。中欧、

---

1. 卡尔·冯·林奈（1707—1778），瑞典生物学家，动植物双名命名法（binomial nomenclature）的创立者。

南欧、澳大利亚、新西兰、南美、北美，以及整个亚洲，洋槐踏遍五湖四海，而且能把每个地方都当作家园，堪称全球化的先锋。

在他最后的日子里，赫尔曼·黑塞只能在自家花园中稍做漫步。园中生长着一株老洋槐，洋槐上挂着一根朽烂的枯枝。散步的黑塞总会靠着这棵树歇息一番，伸手摇晃枯枝，见它没有掉落，便感到满意。不久，诗人自知大限将至，他将枯枝看作自身，提笔写下了人生最后的诗篇：

裂枝的嘎鸣

折裂的树枝
经年独垂，
它在风中奏起干亢的歌，
叶已尽，皮已摧，
光秃、苍白、生事已倦，
死复难期。
它的歌声亢硬苍劲，
倔强而隐怀凄惶，
再唱一个炎夏，
一个冬日长长。[1]

黑塞一语不发，将这首小诗放在妻子妮侬[2]的床头柜上。妮侬当晚读过后，跑去告诉黑塞："这是你最棒的诗之

---

1. 《裂枝的嘎鸣：黑塞诗选》，欧凡译，人民文学出版社，2018年。
2. 妮侬·黑塞（原名妮侬·多尔宾，1895—1966），艺术史学家，赫尔曼·黑塞的第三任妻子。

一！"次日清晨，妮侬来到黑塞的房间，发现诗人已经停止了呼吸。

独具个性的树皮

—

洋槐可高达 25 米，不喜拥挤，只有在空旷的环境中，它才能无拘无束、随心所欲地舒展树冠。洋槐树形多变，时而宽阔如椴树，时而轻捷如白桦，有时又如白蜡树。艳阳下的洋槐叶影婆娑，地上的光斑熠熠生辉。其叶片按羽状复叶排列，每组叶片总量最多可达 15 片，叶片边缘平滑无齿，呈和谐、优雅的椭圆形。它不似白蜡叶尖而有齿，不像大多数金合欢类植物的叶子那样柔弱狭长。位于叶柄处的托叶时常发育成尖刺，这是洋槐的一大标志性特征。老洋槐表皮呈浅灰色，其上深沟似的裂痕遍布，与老黑杨的外皮极其相似。洋槐扎根极深，常用于防止水土流失，即便在沙质土壤中，洋槐扎根的深度也能达到三米。这不仅确保了它自身的稳定性，也让周围的土壤不至于流失。

阳光下的银雨

—

五月一到，花期里的洋槐便一扫平日的低调和拘谨，散发出令人窒息的美丽。从花瓣尖端到蜜色的花托，蝶形的花朵闪烁着清澈的银白色光芒。明净的夏日清晨里，第一缕阳光穿透洋槐的花瓣，像透过被晨露沾湿的水晶。朵朵白花聚合成穗（每穗可达 30 朵之多），有如小型瀑布，从柔枝上倾泻而下，花香喷涌，馥郁甜美又蕴含生机，味香如柠檬。清晨里的洋槐风姿绰约，如沐银雨，第一批蜜蜂也趁着晨光清爽，嗡嗡飞至，兴致勃勃、满怀热爱地接受这场"银雨"的丰厚馈赠。

洋槐属雌雄同株、雌雄异花植物，需依靠昆虫授粉。昆虫落到花上采蜜时，腹部擦过分泌有黏液的雌蕊花柱，在柱头上留下花粉。于是，受精的奇迹就在这良辰美景中完成，生命开始孕育，悄无声息，不为人知，周而复始。

几周过去，到八、九月时，洋槐果实终告成熟。深棕色（有时也呈绿色，或略带红晕）的荚果挂满枝头，外形与豌豆荚颇为相似，棕色的种粒静卧其中。洋槐荚果开裂极慢（视天气情况而定），有时甚至要到次年春天才最终裂开，掉出豌豆大小的种粒。这些种子或被风吹散至母树四周，或被鸟类带到几千米之外。

用处多样，不受天气影响

—

洋槐在其原产地北美洲被称作"Black locust"，即"黑蝗木"。这样命名或许是因为它的荚果形状瘦长，颜色深暗。如此美丽的植物却有这样一个名字，着实令人惊讶。

"黑蝗木"出自《圣经》——《马可福音》第一章第六节记载，施洗者约翰曾在荒野中以蝗虫和野蜂蜜为食："约翰身穿骆驼毛的衣服，腰束皮带，吃的是蝗虫、野蜜。"

圣约翰嚼蝗图，这幅图景想必会让一些耶稣会传教士感到不快。他们索性将故事改写，宣称圣约翰吃下的并非蝗虫，而是外形和颜色都与蝗虫颇为接近的洋槐荚果。洋槐就这样变成了"黑蝗木"（这样说来，洋槐的这个别名在这个故事里也就讲得通了），并被这一恶名纠缠至今。然而，当年的叙利亚境内并无洋槐生长。另一种可能是，施洗者约翰的确没有吃蝗虫，而是靠长角豆活的命，可能是翻译和阐释错误造成了这一误会[1]。

洋槐木用途广泛，不胜枚举。长久以来，人们用洋槐木制作篱笆桩、用于葡萄和西红柿植株的木桩，以及藤架。洋槐木坚韧、耐久，较之于橡木也并无逊色之处，因此同样被用于磨坊、桥梁、土方工程和水利工程的结构搭建。洋槐木极其坚韧、富有弹性，不会一折就断，对于矿井工程用材而言，这些都是难能可贵的特质。它会在折断之前就发生变形，矿工们会将其作为危险来临的预警。由于其柔韧的

洋槐木在所有用于建造房屋外部结构的木材中，
属于最耐久、最耐风雨侵蚀的一类。

---

1. 长角豆在德语中被称为"Johannesbrotbaum"，字面意思为"约翰面包树"。

特性，制弓匠人们也常用洋槐木替代橡木。此外，洋槐木还被广泛用于造船，人们用它制造船钉、船板和舵柄。意大利人至今仍用洋槐木桶贮存最优质的烧酒。德国人则喜欢用洋槐木制作露天游乐场中的儿童游乐设施、露天放置的桌子和长椅，以及花园内的家具。

真假蜜糖

—

洋槐的命名史错综复杂，犹如字谜游戏。即便在洋槐木有着举足轻重地位的养蜂业中（养蜂人青睐洋槐，因为后者是重要的蜜蜂牧场），其名称也没有得到统一。洋槐蜜常被业内误称作"金合欢蜜"，而真正出自金合欢的蜂蜜则被称作"真金合欢蜜"。话说回来，这种"真金合欢蜜"极其稀有，仅出产自非洲和拉丁美洲，所以这一字之差，大家在购买时可要注意啊。

一旦你打开一罐货真价实的"洋槐蜜"，就会有一股甜香弥漫于餐桌四周，恍惚间，还以为自己置身于繁花盛开的洋槐林。这涂抹于小面包上的亮金色蜜糖，会带你回忆起春日清晨的清新气息。

欧洲七叶树 [1]

Aesculus hippocastanum（L.）

　　某日我漫步林间，忽遇倾盆骤雨，路边的一株野树为我解了燃眉之急。一株七叶树在我头顶撑开繁茂的枝叶，犹如一座绿色的屋顶。时值暴雨连绵的夏日，地面上不久便淌起淙淙涓流，我身上却奇迹般地滴雨未沾。不久，一阵清风吹散阴云，此时天色向晚，我想在天黑前到家，只得匆匆赶路，以期在日落前返家。而我，从未遗忘这番邂逅。

　　数年后，我又与那株七叶树重逢，那是暮春五月，夕阳正与春日依依惜别，余晖将天地染成忧郁的橙红色，也将我裹挟其间。独立于七叶树前，我觉得周身的空气都有了魔力。我呼吸着美妙的气息，忆起了那个雨天。

　　赫尔曼·黑塞曾写下诗句来歌咏风入七叶树的盛景。风过林莽，从白桦树枝头轻轻掠过，如抚琴弦；经过橡树梢头时，必有一场翻滚纠缠；若遇矫健、挺拔的雪松，则依着树身扶摇而上，如佳人依偎着

---

1. 又称马栗。

情郎，又是一番风景。邂逅七叶树的清风，意趣又与之前截然不同：风时而急急钻入树冠，激得七叶树的叶片翻腾不休，像是有意要吓它一跳，像个谋划恶作剧的顽童，兴致勃勃地逗弄七叶树手掌形的叶片；时而又轻抚树身，极尽温柔缠绵，让七叶树心平气和、神清气足地舒展枝叶。

在过去的几周里，我的七叶树反复整饰着它的绿裙，为即将到来的美好夜晚做准备。眼下它已梳妆完毕，头上缀满象牙色的花朵，美不胜收。它俏立于此，因欢愉而战栗，披着世上最美的长裙。

我坐在七叶树脚边，一阵长风带着对夏日的渴盼，在我们身周盘旋不去。它宽大的叶片随风摇曳，丰满的烛炬形花序也翩翩起舞。我的七叶树周身洋溢着幸福，清风邀它起舞，它却摆出无所谓的姿态。但我能感觉到，它全身的每一个细胞都想接受邀请。

晴夜已至，月光在七叶树身上流淌，从手掌般伸出的叶片上滚落，洇染了它那丰满的烛形花序。月亮为七叶树的铜绿色长裙蒙上了一层梦幻的银装，为它的嫁衣添上点睛之笔。七叶树与夜风举行了婚礼，而我是缄默的证婚人。七叶树就这样嫁与了夜风，我知道，今夜将有精灵降生。

没有比这更美好的事物了。

醒目的掌形树叶

一

七叶树与平凡无关[1]，它的美妇孺皆知。其叶片数量或七、或五，组合在一起状若毛羽，若按大小排序，则像巨大的手掌，一根根手指从掌心处向外伸开。正中的叶片最大，长度可达 25 厘米，宽近 10 厘

---

1. 欧洲七叶树的学名是"Gewöhnliche Rosskastanie"，"gewöhnlich"是平凡、普通的意思。

米，呈椭圆或卵形，边缘有双重锯齿，两侧的叶片则较正中的叶片小上许多，这一轮廓往往令人过目难忘，也是七叶树的显著特征。即便在冬天里，七叶树的叶芽也极为醒目，其长度可达3厘米，宽近1.5厘米，极富黏性。

七叶树的灰色树皮上遍布着鳞片状的龟裂，裂纹较浅。树皮受伤愈合后，会留下状如噘起的嘴唇般的疤痕。七叶树主干粗壮，直径可超过1米，树干上常有右螺旋纹，对于高度能超过30米的乔木而言，七叶树的主干相对较短。七叶树属于"独居"树种，它身形丰腴，树冠宽广，长枝悬垂，树形与叶形一样具有极高的识别度。七叶树是浅根系树，寿命可达300年之久。

绝美的果实——不堪食用

—

七叶树于四、五月时抽叶，并几乎同时生出花序。其花序直挺于枝梢末端，趋光性极强。七叶树并不喜欢区分性别，它自身就是雌雄同株植物，花序上雌花、雄花、雌雄两性花兼而有之。单支花序长度约20厘米，其上附有数百朵熠熠生辉的小花——花分五瓣，色作雪白，未受精前其瓣爪呈赭黄色。雄蕊（最大数量为7根）毫无顾忌地崭露头角，吸引饥饿的昆虫。每根雄蕊能产生2万～3万粒花粉，远超绝大多数阔叶树。一株成熟的七叶树上所有的花粉数量，甚至大于全球人口数量。

赭黄色的瓣爪会在虫媒授粉完成后转为肉色。此时只消轻轻一碰，花朵便会四散分离。当花事接近尾声时，七叶树下残花遍地。

布达佩斯以西坐落着中欧最大的一片七叶树纯林，占地面积不足20公顷，可以说相当小了。

是七叶树的果实成全了七叶树的盛名。七叶树果的外壳生有尖刺，入秋后果实成熟落地，其外壳因碰撞而开裂，露出闪闪发亮的美丽坚果。即使果壳落地后不曾开裂，它们也会被松鼠、老鼠、野猪等动物发现。这些动物可都是开果壳的行家，能轻而易举地打开扎手的硬壳。幸存的坚果有望在来年春天发芽，实现它们存在的目的。它们会抽出芽来，嫩茎顶端生有一至两片新叶，令人一见难忘。这种繁衍方式被称作重力传种，七叶树通过这种方式成批繁殖。七叶树幼芽常成群出现，一棵挨着一棵，像一个大家庭，不过严格说来，它们的确是一家人。

七叶树的果实完全不对人类的胃口，不会与欧洲栗这样美味的坚果混淆。事实上两者也并非近亲，七叶树属无患子科植物，而欧洲栗则是山毛榉科的成员。

几乎从不以大片森林的形式出现

—

冰川纪严重破坏了中欧的物种多样性，冰川纪开始后，七叶树退居阿尔卑斯山以南，在希腊北部、巴尔干地区和土耳其寻找安身之所。16世纪末，皇家花园主管卡罗卢斯·克卢修斯[1]开始在维也纳栽培七叶树，并将树种赠送给欧洲各地的同僚，七叶树由此重回其发源地。此后数十年间，七叶树的培植蔚然成风，无论是在贵族的花园里还是在林荫道旁，都能见到七叶树的踪影。

啤酒花园里的纯净阳光

—

路人的钦羡目光似乎能够滋养七叶树，因为它们尤其青睐于那些引人注目且富于个性的场所。七叶树树荫浓密，可令酒窖保持凉爽，所以直到今天，人们（尤其是南德地区）仍用七叶树装点啤酒花园。许多老七叶树枝条粗壮，满身结疤，沧桑蓊郁，为啤酒花园平添了野趣。如今，啤酒花园已不需要树荫护持酒窖，七叶树便把树荫洒给了饮酒的客人。客人们也极其欢迎这份阴凉，尤其是在骤雨忽起时，七叶树下的位置简直贵比黄金。

重要的天然药物

—

德国人把七叶树称为"Rosskastanie"，该词点明了七叶树的一项重

---

1. 卡罗卢斯·克卢修斯（Carolus Clusius），又名夏尔·德莱克吕兹（Charles de L'Écluse），植物学家。曾为维也纳哈布斯堡家族的御医，也是植物学的权威专家，在西欧被称为"郁金香之父"。

要价值——它的果实能做饲料 [1]。七叶树一度是珍贵的饲料来源，它们曾和欧洲栗一同生长于古希腊中部的山脉。奇怪的是，当时没有任何文献提及七叶树：没有任何记载七叶树的神话传说，没有用到七叶树的药案记录，德国的民间传奇中也鲜见七叶树的芳姿。但在民间医学中，七叶树有着极为重要的意义，其拉丁学名 *"Aesculin hippocastanum"* 就是明证。七叶树中的有效成分名为 "Aesculin"，该词派生自古希腊医神阿斯克勒庇俄斯 [2] 的名字，直到今天，他手中的蛇杖仍是医药机构门前的标志。2008 年，七叶树被维尔茨堡大学的 "医药发展史学会" 推选为年度医用植物。重回中欧的七叶树为人们提供了用于治疗静脉血管病（如静脉曲张、静脉曲张性溃疡、痔疮、腓肠肌痉挛等）的药物。

七叶树的木质柔软、耐久性差，用处有限，但质地均匀、色泽鲜亮，常被细木工匠打磨成厨具和厨房用品，有时也用于制作手柄、纽扣、箱盒等。七叶树美则美矣，但林业经济价值不高。

---

1. 德语中 "Ross" 一词意为 "骏马"，七叶树的德文名 "Rosskastanie" 字面意思为 "马栗"。

2. 太阳神阿波罗和塞萨利公主科洛尼斯之子。一说是阿波罗和克吕墨涅之子。

山梨树（欧亚花楸）

Sorbus domestica

　　和煦的春风拂动鲜花盛开的山梨树，将略带苦涩的清香送去远方；山梨树哺育着众多生灵，在蜜蜂、蝴蝶和食蚜蝇眼中，一株山梨树就是一只丰饶角，香花、鲜果从中漫溢而出。内心世界敏感的人也能在山梨树近旁体验到静谧和喜乐。一种感情徐徐涌上心间，那是对造物的坚信，即所谓的"元初信任"（Urvertrauen）。

　　在田野间和草地上，山梨树自由自在地舒展着枝条。山梨树主干粗壮，但并不颀长，从离地较近处就早早地分叉，诸多枝条纷纷伸向上空。小山梨树的树冠呈金字塔形，随着树龄渐增，树冠开始横向增长，宽度变得惊人。山梨树的高度通常为 10 ～ 20 米，个别植株高度接近 30 米，树龄可达 400 年。

　　成熟的山梨树身姿挺拔，远观颇似白蜡树，其羽状复叶也与后者相仿。明媚的夏日阳光里，山梨树叶影婆娑，与白蜡树更是神似。但如果凑到跟前细心玩赏，我们仍会发现两者显著的差异：山梨树树皮粗糙，表面多皱褶，犹如橡树；花色纯白如雪，不输樱花；花朵成穗状排列，挂满枝头，与接骨木颇为相似；果实形状如梨，只是个头袖珍，向阳的一面色泽红亮，看起来水润多汁，引诱过路之人欲咬上一口。一旦咬上，你就会后悔不已，因为山梨果极酸极涩，有一种收敛感。人类极易为事物的外表所惑，迷失方向，山梨树的学名暗示了这一点。

山梨与花楸是表亲，两者都披着羽状复叶织成的长袍。山梨的羽状复叶长度可超过20厘米，呈奇数，羽状排列，因为枝梢上还有一片单独的、相对较长的叶子。山梨树的单片叶子长度可达5厘米，较白蜡树叶更长，且尖端有齿。山梨抽叶甚早，幼树尤早，山毛榉身上也

有这一现象。山梨树属于雌雄同株植物，并且生有雌雄同体的花序。五月来临，山梨的花期开始，呈羽状分裂的枝丫上冒出成千上万朵白花，每70朵白花组成一个伞状花序。每朵花的直径在15毫米左右，5片花瓣包裹着众多排列杂乱的雄蕊，这些雄蕊从花蕊处探出头来，吸引饥饿的昆虫前来采蜜授粉。

经过夏天的孕育，山梨果在九、十月间终告成熟。但要等到熟过头以后，它们的味道才会变好，能够供人食用。在无人采摘、无鸟啄食的情况下，山梨果会变成巧克力般的褐色，并最终从枝头坠落。此时的山梨果味道甜美，是林间动物的美餐，它们吃掉山梨的果实，将种子传播到远处，为山梨树的繁衍助了一臂之力。山梨树的幼苗生长极缓慢，需要充足的阳光，又在食草动物的食谱上排名靠前，故而很难进行有性生殖，除非这些脆弱无助的树苗得到特别保护，周围的植物被反复剪除，以确保它们得到充足的光照。因此，野生山梨树几乎都是通过诸如根蘖分株的营养生殖方式进行繁衍的。也就是说，在接近地表的山梨树根上会生出新的幼苗，这些幼苗会长成新的山梨树。

林中能得几回见

一

山梨树是德国本土最具代表性的蔷薇科植物。蔷薇科是一个大家族，内部关系错综复杂，成员繁多。最主要的果树通常都属于蔷薇科。仅仅属于蔷薇科花楸属的果树就有100多种。运气好时，我们或许能在无梗花栎生长的营养丰富的黏土地上的开阔林地里觅得山梨树的芳踪。山梨树在土壤中扎根极深，它们往往会将数条根扭合成一个顽强而特殊的心形根系，所以，即便是在极难钻透的黏土层上，山梨树也能站稳脚跟。野生山梨树多见于西班牙东部、法国的大部分地区，以及地中海沿岸。

2300 年来，山梨树一直见证着人类的历史，与人类文明密不可分。虽说如此，但它依然极其罕见，即使是专业人士也很难在寒冬的森林里辨识出山梨木，因此，它常被人们误认作橡树而被砍倒。

中世纪修道院花园中的点缀

–

早在古希腊人以谨慎、周详的态度开垦园圃时，山梨花就已经在他们的花园中绽放了。最早对山梨树做出记载的，是亚里士多德的弟子、古希腊学者埃雷索斯的特奥弗拉斯特（前371—前285）。这位林学先驱在其名为《植物志》的著作中对山梨树进行了图文并茂的详尽描写。

古罗马人极其珍视山梨果，将山梨树种遍了地中海沿岸。

数百年后，瑞士圣加仑采邑隐修院的教士们开始在修道院的花园中培植山梨树，也许山梨树就是从此地进入欧洲中部的。公元 812 年左右，一位名叫安塞吉斯的本笃会院长起草了一份名为《庄园敕令》（Capitulare de villis）的政令，这份文件对卡尔大帝治下田产的垦殖做出了详尽的规定，其中提及了 73 种经济作物和草药以及 16 种树木，山梨树也位列其中，被称作"山梨"（Sorbarios）。显而易见，中世纪的园丁们在侍弄园圃时，从这份文件中获得了不少灵感，山梨树也因其果实、木材和药用价值而备受重视。

到了中世纪末期，山梨树逐渐被人们淡忘。如果不是因为在 1993 年被选为年度之树，山梨树早已在德国销声匿迹了。野生山梨树的数量曾经急剧缩减，一度仅剩几千株，这一评选活动让山梨树再度逢春。通过新近研发的培植技术，人们在短时间内培植出了 6 万多株山梨树。乍看之下，山梨树的基因延续似乎已经得到了保障，但这只发生在大型的果园中，而非野外，毕竟这些只是人工培育的山梨树。要想在现今的自然环境中遇见一株野生山梨树，需要极大的运气。人们曾经进行过一项持续数年之久的工程，旨在调查濒危的树种。截至2013年，该项工程的参与者只发现了2500株野生山梨树。其中大部分集中在德国西南部，另外瑞士北部也有零星的山梨树林。在瑞士的沙夫豪森州，人们为当地森林中的山梨树制定了严格的保护措施。奥地利境内生长着数百株山梨树，山梨树还于2008年当选为奥地利年度之树。但山梨树喜爱的还是更为温暖的地中海式气候，毕竟地中海沿岸才是它们的故乡。

珍贵的"瑞士梨木"

—

山梨树不单外表美丽，论及木质坚硬、沉实，它在各种欧洲落叶树中也名列前茅。早年间的乐器匠人常以山梨木为原材料，制作风琴管和芦笛。后者是从东方传来的一种乐音明净如琉璃的木质吹奏乐器，是双簧管的前身。如今，山梨木则被大量用于古典吉他和弗拉门戈吉他的制作。

山梨木可用于制造车轴、农具和眼镜架。山梨木能吸收油脂，不仅强度高，还能越用越有弹性，直到现代，人们仍用山梨木制作磨坊的齿轮。

稀有而美丽的山梨木是欧洲地区最昂贵的贴面板材料之一。山梨木、花楸木和野梨木被合称为"瑞士梨木"。山梨木是如此珍贵，在此，笔者要向读者们提出一个请求，如果你们有幸在林间发现一株野生山梨树，只需静静玩赏，不要将消息透露给任何人，否则这株树木就会面临劫难。

对抗胃肠疾病的好帮手

—

直到今天，仍有人将山梨树称为"Sperberbaum"（Sperber-树）。山梨果在早年间也被叫作"Sperbirnen"（Sper-梨）或"Sperbeeren"（Sper-莓）。在中世纪的南德方言中，"Sper-"或"Spär-"这一前缀意为"涩口的"（herb）。山梨果入口极涩，让人不由得立即将口中的果肉吐出[1]，有人认为山梨树的德文名"Speierling"便是由此而来[2]。虽然这样的猜测很接近事实，但依然是错误的。山梨果曾被用于民间医药，这才是"Speierling"一词的真正源头。山梨果富含鞣酸，这种物质不仅让山梨果的口感如收敛剂般酸涩[3]，同时也能缓解胃肠疾病，如痢疾、腹泻等，这些病症在当时都是致命的威胁。

熟过头的山梨果会变得柔软，外皮转成古铜色，甚至是难看的褐色，只有这时，我们才会觉得它们的滋味不那么难以承受。它们在黑森州方言中的昵称"粪兜子"也由此而来。法兰克福地区的居民喜欢将少量仍带酸涩的山梨果加入苹果酒中（添加比例为1%左右），使苹果酒的口感更丰厚，也能延长其保存时间，当地种植山梨树的传统也由此而来。山梨果不仅能为黑森州的民族饮料增色，还能用来酿制一种度数极高的烧酒。除此之外，还有许多食品、饮料的配方中都用到了山梨果，许多配方流传至今。现在，我们仍能在黑森州的苹果酒节上见到山梨面包、山梨干酪和山梨果酱。

特奥弗拉斯特引入了山梨树的拉丁文名"Sorbus"，这可能派生自

---

1. 原文动词为"ausspeien"，意为"吐出""呕出"。

2. "Speierling"一词与动词"ausspeien"的词干有谐音之处。

3. 收敛剂指用来收缩体组织的化学物质，通常用于局部医疗，常见的收敛剂包括明矾、炉甘石洗剂、金缕梅提取液等。因为一般含有单宁酸，使得唾液蛋白沉淀或聚合，所以大多数收敛剂口感干涩。因此，像梅洛和解百纳红葡萄酒都可以起到一点收敛剂的作用。

动词"sorbere"，意为"schlürfen"（小呷，小口品酒）。Domestica 意为"驯服的"，山梨果在看起来最可口的时候，味道偏偏野性难驯、苦涩不堪。熟过了头的果实掉落后，有了令人愉悦的口感，此时它才被"驯服"。听到"Sorbus domestica"一词，我们会不禁想起阳光流淌的花园；想起成熟的山梨果清新、芳香的奇妙口感；想起一位胡须满腮、智珠在握的哲人，只见他拈起一枚山梨果，心满意足地咬了一口。

银冷杉

Abies alba

阔叶树各具特色，树姿、树形各不相同，区分它们并不困难。壮丽的山毛榉在我们头顶聚拢成一片，枝叶交织成拱顶，使人仿佛置身于大教堂中，敬畏之情油然而生。而众多针叶树会聚成林后，浑然一体，拆解不开；众树水乳交融，不分彼此；芸芸众树似受某种独一意志支配，悄然汇合成一。

孤独森林

—

"孤独森林"，这是一个被反复歌颂、描绘的词语，人们用它来形容内心某种特定的浓厚情绪。德国民间童话和法国仙子传说中，它们时常被魔法召唤而出，而银冷杉林就是"孤独森林"最真实的代表。早在格林兄弟之前，人们就在夜里秉烛而坐，低声讲述古老的传奇，故事里的主人公受命运支配，偏离原路，误入密林深处；林中危机四伏，西尔芙[1]和法翁[2]栖居于树间，矮人王、地精和森林人时隐时现，而故事的主人公必须自己在林中辟出道路。于是，在我们思维世界的深处会浮现出一片浓密幽深、奇诡莫测、几乎不曾沾染日光的林莽景象。这种阴森神秘的景象其实就是真实世界里的银冷杉在人类内心世界中的投影。在银冷杉林中，各种生灵栖居其间，最适宜于成为童话中主人公历练成长，变得更高贵、更纯粹的故事背景。人类只不过对那幽暗的银冷杉林匆匆一瞥，就被它深深俘获。我们将它当作一种象征，将它化作精神世界中的成长和改变之地，在这里，纯粹和高贵的灵魂不断孕育而出——从我们体内，与人类整体的历史进程一起。

恐惧悄然散去，尊崇日有所增。

银冷杉——温柔的林间女巨人

–

银冷杉被称作"针叶树女王"。它缓慢而坚定地拔高身形，不费吹灰之力就能长到 50 余米，个别植株甚至能达到 60 米以上。论高度，银冷杉在所有欧洲本地树种中独占鳌头。

若将森林比作建筑，那么山毛榉和云杉共同构成了一层的屋顶，而银冷杉的树冠则是高居其上的更高楼层，这样的结构通常仅见于热带雨林地区。

银冷杉永远独茎发育，主干仅有一根，而且通常笔直、挺拔，在没有人为干预的自然状态下，这根主干不会分叉。银冷杉幼苗不需要太多

---

1. 西尔芙（Sylph），又译为风精、气精、气仙，是西方传说中的一种神秘生物。这个名字源自中世纪欧洲炼金术士帕拉塞尔苏斯的著作，用来表示空气，也就是他的元素论中的气元素精灵。

2. 法翁（Faun）在罗马神话中指主管畜牧的神，半人半羊，生活在树林里。罗马人将其与希腊神话中的萨堤尔（Satyr）对应。

光照，它们在母树的荫蔽下，有时是在山毛榉拱顶的笼罩下，安静、从容地长大。有时，一株银冷杉在数十年间只能生长几厘米，一旦光线条件变得对它有利，它就会展现出自己的真实实力，开始以迅猛惊人的速度增高。过了百岁后，银冷杉会停止长高，发育出一个锥形的树冠，随着树龄的增长，树冠会逐渐变圆。现在该是高处的枝条崭露头角的时候了：它们以难以抑制的势头向上生长，有时甚至超过了树梢的尖顶——成熟银冷杉的树冠造型由此而来。如果四周空间足够宽敞，银冷杉就会垂下那些遮挡光线的长枝。

银冷杉的针叶十分柔嫩，上表面呈深绿色，长度可达三厘米。靠近地面的枝条上只会生出两排针叶，但上部的枝条恰好相反，多排针

鹳巢形树冠——银冷杉的树冠造型，其中藏有多枚球果。

叶会朝几个方向同时生长。这些针叶的大小、形状和姿态则在极大程度上取决于它们生长的部位。银冷杉针叶的下表面有两道清晰可见的浅灰色条纹，众多微小的气孔位于此处，银冷杉通过这些气孔吸入空气，吐出芳香的气息。银冷杉的针叶寿命可达十二年之久，针叶老化脱落后，银冷杉会生出新叶。

迪奥科里斯[1]曾记录了银冷杉"树脂"的治疗效果。1000多年后，宾根的希尔德加德也记录了银冷杉汁液愈合伤口的功效。事实上，银冷杉并不产生树脂。

在齐人胸口的高度，一株健康的成年银冷杉的直径可达三米。小银冷杉的树皮呈浅灰色，这也是"银冷杉"之名的由来。随着树龄增长，银冷杉的树皮颜色逐渐转深，表面生出横向裂纹，开裂如鳞片。其实银冷杉并不产生树脂，但直到今天，人们依然错误地认为其"树脂"具有医用价值。数千年来，人们一直将银冷杉与松树相混淆……

银冷杉的垂直根系入地极深，其扎根深度能远远超出树冠的直径宽度，因此，即便是在土质松软的地方，银冷杉也能站稳脚跟，极少被风连根拔起。在没有污染物和害虫威胁的情况下，一株成年银冷杉能够活到600年才寿终正寝。

林间祭礼

管风琴奏鸣，磅礴浩大，

大吕黄钟，穿过银冷杉的头发，

魂灵安谧，心头仍怀惧怕，

我步向祭坛，屈膝跪下。

---

1. 古罗马时期的希腊医生与药理学家，其代表作《药物论》是现代植物学术语的重要来源。

我身居森林殿堂，
春天筑成祭台，供我祈祷有方。
心潮沸腾起热浪
——澎湃汹涌，颂歌声里响。

你创造者的节日，节名"安息"，
你我举行祭礼，歌咏造物神奇，
侧耳聆听，他平和低语，
呼唤声声，直入你我心底。

如若父亲的惩处，
不再令你畏惧，
你就能安然睡去
——在母亲怀里。

——弗里德里希·吕克特

天空近在咫尺：银冷杉球果

一

银冷杉雌雄同株但雌雄异花，同一植株兼具雌雄两性花朵。雄花几乎只在树身中部开放（通常离树冠还略有距离）。雄性花序颜色淡黄，长度约三厘米，每年四月末至六月初，它们便释放出细腻的花粉，将其托付给清风。

银冷杉的雌性花序较雄性花序略大，仅见于树冠区域。它们直立于枝头，鳞片大幅度张开，在清风吹拂下，浓厚的花粉穿过鳞片的开口，进入美丽的绿色球果内部。鳞片合上后，球果内部便开始了受精过程，

路德维希·冈霍夫在
其长篇小说《森林的醉
狂》中描写过银冷杉树
的花粉："它们在春日里
穿林过树，状如铁锈色
的轻云。"

等到秋天，银冷杉的种子在严密的保护中发育成熟。种子成熟时，银冷杉球果已经木质化，色转棕红——此时鳞片重新张开，生有一片三角形小翅的种子终于得见天日。银冷杉种子的伟大冒险从此展开，清风打着回旋，携着它们穿越树林和田野，最终落在某处，幸运的种子将长成一株新的银冷杉。长度约15厘米的银冷杉球果此时内部空空如也，但它们中有不少会在枝头逗留数年光景，直到零落瓦解，或者从梢头坠落。

善感的针叶树女王

一

银冷杉属松科，其拉丁文学名为*"Abies alba"*，大意为"傲立之白"。

古往今来，德语中的"冷杉"（Tanne）一词从何而来？词源学家对此众说纷纭。但可以确定的一点是，古高地德语中的"tanna"是"针叶树"的近义词，名词"Tann"或许就是由此变化而来的，后者意指"幽暗的常绿森林"。在现代造林工程中，人们偏爱使用云杉，它们挤占了其他树种的生存空间，而银冷杉正是最大的受害者。另外，野生动物和环境污染更是雪上加霜，进一步威胁到银冷杉的生存。康拉德·冯·梅根伯格在其于1350年左右完成的《自然之书》中提及过银冷杉，并因"其木至轻至白"而将其誉为针叶树中的"至高、至贵者"。

针叶树在中欧的森林中占有绝对优势，但银冷杉仅占林木比重的2%，一方面是因为它对各种环境污染都极其敏感，另一方面则是因为它不喜干燥，对气候变暖没有耐受力。在过去的数十年中，以上种种因素让银冷杉的生存变得越来越困难。从阿尔卑斯山地到黑森林地区都有野生银冷杉分布，它们的足迹向北直到图林根，向南直到法国的科西嘉岛和意大利南部，喀尔巴阡山和比利牛斯山也是银冷杉的家园。在保加利亚的皮林山脉，银冷杉能在海拔 2900 米的地方生长，但在德国，它们的生长高度最高只能达到海拔 1800 米。

银冷杉属风媒植物，不产花蜜，但"银冷杉蜜"是受人欢迎的产品。银冷杉不会自愿奉献出用于酿造蜜糖的甜浆，但蚜虫会从银冷杉针叶中吸取汁液，并排泄出糖分，而这些糖分会被蜜蜂收集起来。晚春时节，许多蜂蜜牧场已被采空，此时，被蚜虫留在银冷杉针叶表面的黏糊糊的物质就成了蜜蜂重要的食物来源。

银冷杉幼苗在马鹿的食单上排名极其靠前，而云杉则是后者厌恶的食用对象——不得不说，这是一项极大的生存优势。

欧刺柏

Juniperus communis（L.）

　　古往今来，鲜有植物能如欧刺柏一般激起人类的宗教情感。除接骨木和榛树外，没有哪种欧洲本地树种（无论灌木还是乔木）能如欧刺柏一般，擅长将高调的专注转化为轻声的虔敬。欧刺柏深深扎根于德国人灵魂的深处，其名号妇孺皆知。曾有民间俗谚对其做出总结："路遇接骨木，脱帽致意；道逢欧刺柏，双膝着地！"

　　每当我在森林边缘与欧刺柏邂逅，我都会凝神注视它，向它敞开心扉，任由自己被它的魔力俘获。此时，我的心中会升起一个小小的声音，告诉我为何而着魔。欧刺柏的蓬勃生机和高贵仪态辐射到了它所在的空间，将其不断扩大，让我也不由自主地身陷其中。我的心脏突然开始以另一种节奏跳动，我似乎看到一片神圣的领域在开阔的天空下徐徐展开。欧刺柏在我面前直冲云天，犹如支撑万物的神柱，恍惚间，我还以为自己身居某座古神庙，正在庙堂中凉爽的阴影下寻求庇护。此时，我相信自己已受开示，欧刺柏揭示的是至深的秘密。借用马克思·努斯的话来说就是，"唯有向下扎根愈深者，才能稳稳地拿取最高的东西"。一根柱子便传递出无尽的言语，仿佛能凭一己之力，将一整座神庙的教诲道尽，这根灵柱自幽深处探出，不断延伸，支撑着通向精神世界的大门，门楣上一行大字熠熠生辉——认识你自己。

从宽厚的枝干一路往上越变越小，直到梢头的蓝色浆果

一

欧刺柏极具自卫意识，它坚硬的针叶能令斗胆冒犯者苦不堪言。欧刺柏的针叶长 1～2 厘米，针叶是三根一束排列的，形状像一颗又硬又瘦的"三芒星"。每簇针叶似乎都在模仿欧刺柏树的理想形态——多立克柱式。欧刺柏属雌雄异株植物，单株欧刺柏非雄即雌。欧刺柏枝头生着叶腋，叶腋之上又生着细小的花梗，雄花在这些细梗上组成泛着金色光泽的铃铛。在四月至六月的漫长时光里，徐徐的春风将无数金色花粉从（欧刺柏树的）松果上吹落，将它们带去远方，如果一切顺利，花粉将会被某个雌球果的传粉滴捕获。三年过后，欧刺柏树才会结出表面裹着一层神秘白霜的深蓝色浆果。

田鸫——一种体形接近乌鸫、毛色多样的鸟类，它们十分青睐欧刺柏所结的浆果，浆果中的种子不经消化便被排出，田鸫由此对欧刺柏的繁衍做出了贡献。

欧刺柏的树干可长到接近一米的直径，但只要凝神细看，我们就会发现表面矮壮、结实的欧刺柏并没有独立的主干，而是从地面开始就分裂出好几根枝干。和紫杉树一样，欧刺柏的树皮表面也有粗糙的鳞片，这表明它属于松柏目。欧刺柏常常无法发育成理想的形状，而是长成又宽又阔、形态多端的灌木丛，树冠或形如缓坡，或状如流苏，或貌似圆锥。欧刺柏的树龄可达 600 年之久，其根系分枝众多，入地极深，能穿透贫瘠多石的地表，因此，它们往往能在其他树木无法生长的地区存活。

形态多样，分布广泛

一

欧刺柏及其他几种松树或许是分布最广的针叶植物。虽然数量相对稀少，但它们的足迹几乎遍布于欧洲和北美的所有地区，亚洲东部的一隅也有它们的踪影。它们既可分布于像吕讷堡石楠花草原（普通欧刺柏）和吕根岛这样宽阔的低地平原，也可分布于阿尔卑斯山地，这要归功于它们的多样性和极强的适应能力。

欧刺柏既可以是高达 10 米的参天大树，如石柱般傲然挺立、直指苍穹，也可以是高度不足三掌的匍匐的灌木。

在阿尔卑斯山区的方言中几乎听不到"刺柏"（Wacholder）一词，当地人称欧刺柏为"Reckholder"，而在瑞士的部分地区，欧刺柏被称为"Räukholder"，这是因为刺柏能够被用于熏香[1]。

欧刺柏于公元 9 世纪左右离开它位于南欧的故园，来到阿尔卑斯山以北的地区。彼时的人们热衷于种植欧刺柏（一部分原因是它在民间医药中被大量使用），因此进一步推动了欧刺柏的传播。欧刺柏的名称和它的外表一样多样，它被比作"清醒架"（Wachhalter），被叫作"Queckholder""Weckholter"以及"Kranawitt"（衍生自古高地德语中的"chrana-witu"一词，意为"浆果木"）。

德语世界的童话故事中常将欧刺柏称作"杜松树"（Machandelboom）——几乎没有人知道这个词的真正含义。在德语中，欧刺柏的名称超过 150 种，但因为各种神话传说的缘故，所有名称都走了样，各地的叫法也不尽相同。

欧刺柏的学名"Juniperus"在古罗马时期就已经为人所用。据猜测，该词由"juvenis"（青春）和"parere"（诞生）组合而成，这一命

---

1. 在德语中，"Rauch"有烟、烟雾的意思。

名方式或许与"处女生子"的信仰相关，也可能是因为这种植物曾在几个世纪的时间里被用于堕胎，尤其是当它以叉子圆柏或沙地柏的面貌出现时。一个村庄附近的一株叉子圆柏是一个可靠的证据，它可以证明此地有一名干非法堕胎勾当的人。叉子圆柏的萃取液有剧毒，六滴就足以致人于死地，曾有许多人不幸丧生于此。

　　曾有人在石器时代的篝火遗迹近旁发现欧刺柏的浆果。而在日耳曼人和凯尔特人的时代，欧刺柏是一种货真价实的医用植物，欧刺柏木也是德国先民们举行火葬时所用的木材，数个世纪后，人们仍以各种方式焚烧欧刺柏木作为熏香。据说欧刺柏的馥郁香气可以辟邪，其

　　防疫医生的面具。在旧时的欧洲，若有大型传染病疫情暴发，人们会用焚烧欧刺柏木产生的烟雾熏蒸死者的居室，希望借此防止疫情进一步恶化。

杀菌作用也早已得到了证实。

欧刺柏浆果的上表面有一个白色的小十字，这是胚珠上的鳞状心皮畸形生长的结果。

欧刺柏曾在《圣经》中被提及，这与它端严肃穆的外形不无关系："以法莲必说：'我跟偶像还有什么关系呢？我必亲自回应他、看顾他。我像茂盛的圆柏，你必在我这里找到果实。'"(《何西阿书，14∶9》)

作为保护力量的"神恩之雨"

–

据说欧刺柏是矮人洞穴的守护者，人们可以在欧刺柏的树根处找到无边无尽的财富。探宝者只需用树枝拍打欧刺柏树，便能打开通向宝库的大门。这一方法有无实效姑且不提，但受到拍击的欧刺柏树必会扬起大量的金黄色花粉，探宝者的鼻端会被金色的粉雾笼罩。欧刺柏的另一别名"Gnadenregen"[Gnade（赐福 / 降福 / 怜悯 / 慈悲 / 神恩）+Regen（雨水）] 便是由此而来。

巫术信仰中的欧刺柏木具有保护力量，可以令人免遭女巫、女妖和邪恶的矮人国王的侵害。欧刺柏位居九大魔树之列，如果有人于沃尔帕吉斯之夜坐上用魔树的木材打造的脚凳，他就能看见跳着放浪舞蹈的女巫，同时还不用担心被恶魔施加诅咒。另一种说法则能给人带来些许安慰：那些尚不能完全离开现世的亡者会暂居于树中。因此，欧刺柏木是墓园中除紫杉外的又一种常见植物。

根据一则巴伐利亚的传说，很久以前，有人在地下世界的通道里活捉了一只山精，要将他带到地上世界去，此时他的妻子（一只母山精）从后面喊道："就算你不得不吐露所有秘密，也千万不要告诉他们，为什么欧刺柏的浆果上会有白色的十字架！"

杯盏和杜松子酒之间

一

柔软的欧刺柏极易加工，它性质稳定，不易开裂。其均匀的质地和细密的纹理令雕刻家们趋之若鹜，人们用它制作容器、杯盏、木质餐具和碗碟，以及家具上的雕花。当然，厨房里也缺不了欧刺柏的浆果。欧刺柏还能带领我们走进另一种意义上的精神世界，但具体途径是世俗的。它为我们提供了杜松子酒和荷氏金酒，两者都是用欧刺柏浆果发酵酿制而成的。人们从欧刺柏的木质部和树皮之间采集树脂，从中提炼出山达脂（制漆的原材料）。时至今日，非洲北部的一些原始部落仍用焚烧欧刺柏树脂产生的烟气以飨神灵。虽然欧刺柏用途广泛，但数量较为稀缺，因此始终未能获得较大的农林经济意义。

普通胡桃

Juglans regia

    胡桃树树形鲜明，即便在秋冬季节，其轮廓也极易辨认。一株独生的胡桃树拥有粗短、壮硕的主干，有时在齐人头的高处便开始分叉，生出无数错综的枝条。即便是位置偏下的粗枝也毫无定性，时而俯冲下行，时而扶摇直上。一阵微风拂过，整棵树的枝条都摇摆不休，忽左忽右，显得犹疑不决。只有从近处观察静止的胡桃树，才能发现规律：表面的混乱其实自有其内在逻辑体系，诸多枝干互为支撑、彼此连接、彼此深入，枝叶沿水平方向向外延伸，构成宽阔有力的树冠。

    胡桃树想要拥抱天空。如果你拘泥于细处，就无法认识它的结构，无数的分枝看似毫无逻辑可言，厚实的连枝和脆弱的嫩梢也形成了矛盾。只有观其全貌，我们才会恍然大悟，原来胡桃树的形态就是人生的缩影啊。

    很遗憾，上文所述的情况在现实中甚为罕见。大多数情况下，人们都会出于"审美"考虑而修剪胡桃树，或是出于安全考虑阻止胡桃树的大幅度发育，因为自然状态下的胡桃树常会出现突然断枝的问题。

散发出新鲜青苹果气味的羽状复叶

—

胡桃属于落叶阔叶乔木，能在空旷的环境里长到 25 米高，树冠直径可超过 40 米。它们都是树中长者，寿逾 200 岁并非罕事。幼小的胡桃树树皮平滑有光泽，抛开那些奇妙的长条形细纹不提，胡桃树皮的质感与榉树皮极其相似。随着树龄渐增，细纹变成沟壑，树皮也成了黑灰色。胡桃树是一年中抽叶最晚的阔叶树，比橡树还晚，美丽的羽毛状叶片让雄伟、庄严的树冠真正地舒展开。其羽状叶片的长度可达 40 厘米，叶缘最多有 9 处椭圆形突起，每处突起的长度最高可达 15 厘米，而叶尖正中的那处突起总是最长的。胡桃树的新叶起初略带古铜色，稍后则转为一种含蓄的、略带苍白的淡绿，叶缘光滑无齿，全叶遍布金属掐丝般的细脉。如果你揉破皮革般坚韧的胡桃叶，你的指间就会弥漫出一团馥郁的香气，令人联想起新鲜的青苹果。

胡桃树属雌雄同株植物，树龄 20 岁后才会开花。黄绿色的雄花于四、五月之交先雌花一步从枝头探出，裹满厚厚一层花粉、长度可达 12 厘米的花序垂挂于枝头。雌花于四周后姗姗来迟，三两一组，绽放于新生出的细枝上。直径可达 2 厘米的肉质子房被一层厚皮裹得严严实实，授粉成功后，子房会在九、十月前发育成果实——胡桃。这些果实被绿色的厚皮包裹，这层外皮看起来坚实无比，极难撼动，让人感觉从枝头摘下胡桃难比登天。但这一情况不会持续太久，胡桃不久便告成熟。皱纹遍布的坚果纷纷坠落于地面，迎接它们充满未知的命运，这就是胡桃树对世界的馈赠。

一株大型的成熟胡桃树每年能结出 1 万～1.2 万枚果实。林中的动物不仅将这些坚果当作美食，还喜欢将它们储存起来，以便捱过严冬。有时，被藏起来的坚果会被动物们遗忘，这为胡桃树的繁衍和扩散提供了良机。

小胡桃树会先生出一根主根。这根主根垂直向下发育，扎得极深。随着树龄渐增，胡桃树会向两侧扩展它的根系，最终形成一套坚实的心形根系。

排除异己的高手

–

任何对胡桃树构成威胁的竞争对手都无法在其树冠下存活——胡桃树会在树叶中分泌一种化学物质氢化胡桃醌，再将其运输到根部（初秋落叶时，落到地面的叶片也会将该物质释放到土里）。氢化胡桃醌通过土中微生物的分解作用，转化为对植物具有抑制作用的胡桃酮，让竞争者们无法在其周围生存。能够在胡桃树上生存的食叶类昆虫和蜱螨亚纲类动物不超过 7 种，这也许正是上述物质的功劳，要知道以橡树为食的生物有将近 1000 种。

过去，人们常在自家宅院中种上一棵胡桃树，用它将住宅和粪堆隔绝开——胡桃树因为善驱蚊蝇而名声在外。人们有时也会把胡桃树的绿叶放在床上和橱柜里，以取得类似的效果。

野外罕见的胡桃树

–

据猜测，胡桃树起源于远东，有证据表明，胡桃树已有数百万年的历史。

冰河时期的中欧湿冷、贫瘠，此时胡桃树偏居于叙利亚及其周边地区，静待冰期结束。在喜马拉雅山区，海拔 3300 米以下的地方都能见到胡桃树的踪影；然而在北纬 40°，胡桃树鲜少能在超过海拔 800 米的地方存活。

希腊人从古典时期就开始驯化胡桃树，罗马人则将它重新带到了阿尔卑斯山以北的地区。胡桃树是人类最忠诚的陪伴者之一，和山梨树一样，胡桃树也是《庄园敕令》，也就是卡尔大帝的农田令榜单上的代表性物种。时至今日，胡桃树仍然主要见于花园、苗圃、公园和植物园等人造场所，野外很少能见到它们的踪影。欧洲的胡桃树钟爱地中海式气候，莱茵河和多瑙河流域的湿润林地也是它们青睐的栖身地，它们常出现在这些地区的葡萄园附近。奥地利境内的胡桃树则多分布于多瑙河沿岸的多石河谷，这些胡桃树身量较小，十分结实。它们结出的坚果香味极其浓郁，人们称其为"石头坚果"。

神话和历史中的胡桃

—

胡桃树是苹果树和橡树之外又一种具有神话学意义的植物，无数的神话传说都与其相关。

古希腊人每年会定期庆祝名为"卡里亚蒂亚"的坚果节，胡桃在节日庆典上扮演了重要角色。这一节日也是"牧歌文学"的滥觞。狄奥尼索斯曾爱上卡里亚，后者是阿尔忒弥斯的女祭司、斯巴达国王迪翁之女，曾被阿波罗赐予预言的能力。狄奥尼索斯将卡里亚变作一株胡桃树，她由此成为最初的林中仙女之一，她们栖身于树中，令树木具有灵魄，并为它们提供保护。其他版本的传说则讲述了一个全然不同的神话谱系：曾有八位姐妹在不同情况下被变成树木，而卡里亚只是其中的一员。

胡桃的植物学学名是"*Juglans regia*"，大意为"朱庇特的橡子"——诸神的食物。古罗马人会在婚礼庆典上抛撒胡桃，因为它们是丰饶多产的象征。之后胡桃又成了女性生殖器的象征，"Nüsse knacken"（磕开坚果）这一表达也成了一个具有多重含义的联想词汇。近年来，药剂师们致力于从胡桃中提取天然助性产品。然而，为了制造一枚效果能够持续数小时的药片，需要大约 3.5 千克的胡桃。这种名为"N-Hanz"的药物的效果已经得到了证实。

然而，胡桃树并不只象征光明、善良、丰饶和生命，它也被视作邪灵栖身的魔树。古人认为，恶魔和受诅咒的鬼魂会在胡桃树下徘徊，这也许是因为没有植物敢于接近胡桃树，而这一情况在古代没有办法进行科学解释。

意大利的布罗肯峰就译为一棵胡桃树——"贝内文托的胡桃树"（意大利语：Il Noce di Benevento）。它不仅是朱塞佩·巴尔杜齐[1]的歌剧作品，也是一株真正的胡桃树，生长在距离维苏威不远的贝内文托。传说中记载，男女巫师、妖精和仙女都会于圣约翰节之夜在这棵树下集会。公元7世纪，贝内文托大主教巴尔巴图斯曾将该树伐倒，自以为终结了这棵魔树带来的可怕影响。不久，这棵胡桃树重新长起，它像下层民众的迷信思想一样，难以根除。据当时的宗教法庭卷宗记载，先后有1519名妇女在遭受严刑拷打后承认自己曾参与贝内文托胡桃树下的女巫集会，并举行了相关仪式。

古典时期以来的名药

一

罗马统治者最早将胡桃带到了高卢人的家园，而在过去，人们把高卢人称作"Welsche"（外邦人）。因此，今天德语中的"Walnuss"（胡桃）一词很可能是由"Welschnuss"[Welsch（外邦人）+nuss（坚果）]衍生而来的。

胡桃树在民俗和民间偏方中扮演着重要角色。胡桃曾一度成为人们最重要的食物来源，排名甚至在欧洲榛子之上。

据说，胡桃树叶的医用至少可以追溯到古希腊医学大师盖伦所处的年代，在此之前的医生们则更乐于使用胡桃的果实和花朵。迪奥科里斯在其著作《药物论》中提到了"波斯坚果"——与洋葱、盐、蜂

---

1. 意大利作曲家。

蜜齐服，可治狗咬。

16 世纪的药剂师塔贝内蒙塔努斯建议人们在圣约翰节前后将胡桃研碎烘焙，得到一种浆汁："此浆驱瘟如神，以之为饮，可避秽气、祛邪毒。"

在过去的很长一段时间内，人们都认为胡桃能治疗脑部疾病。植物的形状和颜色与什么人体器官相似，就能治疗什么器官的疾病，这是帕拉塞尔苏斯以形补形理论的基础。如今，人们已经证实，外形与人脑相似的胡桃是出色的神经滋补剂。

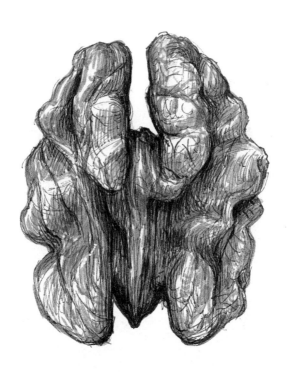

柳 树

Salix spec.

　　柳树就这样站在溪畔、泉边、涧底，它似乎承载着一个沉重的秘密，某种庄严、崇高的负担……河滨、湖岸、湿润的草地和泥泞的沼泽地是它们的家乡。柳树喜欢水，也喜欢雨，还会"在雾气中显得灰蒙蒙的"[1]，这很容易让人在秋天里将它们误认作魔女。

　　然而，你若是在某个阳光明媚的夏日里漫游，坐到柳树凸起的树根上歇脚，把发烫的双足伸进溪水里降温，毫无保留、满怀信任地与柳树分享你的秘密，此时柳树就会给你全然不同的观感。

和蔼可亲的小矮个儿

—

　　柳树总是以冒险性的方式开启自己的一生，放浪恣肆、难以预测。它会用雪花般的絮状组织将自己那只有一毫米大小、肉眼几乎不

---

1. 出自歌德的诗《魔王》。

可见的种子包裹起来，再于每年四、五月时将它们托付给清风。春意浓时，柳树飘絮，让它周边的景象宛如深冬。柳树的种子毛茸茸的，像极了细小的雪花，在和暖的春光里游荡飞舞着。这些冒失的种子轻盈善飞，能被风带去极远的地方。它们绝不会浪费时间，一旦遇上合适的条件和优质的土壤，它们会在数小时内发芽，并在第一年里长大700倍，达到70厘米的高度。

在德国有一种名叫"奇迹之柳"的柳树，比我们上面说到的柳树的进程还要更快些。它们会在开春之前就在枝头的深处生出花序，并让这些花序在春天到来前静悄悄地打个盹。其实，它们已经在灰暗的冬月里制造了成千上万用于传递基因的花粉。二月底左右，柳树尚未抽叶，柳树的花序就已经发育成顶针大小的芽孢，闪烁着银色丝绒般的光泽。在雄花绽开、轻薄如金色薄雾的花粉喷薄而出之前，我们很难区分柳树的性别——柳树是雌雄异株植物，一株柳树无法同时开出雌雄两种花。寒冷的冬天令蜂群元气大伤，柳树（含黄花柳在内）和榛树为它们提供了开春后的第一批食物。另有超过100种蝴蝶完全或部分靠柳树花粉为生。正如橡树之后所做的那样，柳树在残冬时节就开始供养动物，让它们得以熬过一段漫长的艰难岁月。稍晚的时候，桦树会赶上来帮忙，春天这才真正来临，花季自此开始。

空空如也的雄花序不久便自行脱落，成百上千地堆积在树下，成了林中和田间居民们的美食。雌花序起初总是极其细小，不引人注目，但它们会在授粉过程中变长，以便能够容纳种子。它们将种子打扮成雪绒花一般，直到轻风将它们永远带离。

棕枝主日

你们这些柳絮，

灰绸缎般光洁，

灰丝绒般细腻。

哦，银色的柳絮，

告诉我吧，柳絮，

告诉我你们来自哪里？

我们乐意向你吐露来历，

我们从柳梢探头，

亲爱的，整个冬天我们都在长眠，

在深而又深的梦里。

你们曾在

干枯的树身内，

在深而又深的梦境中长眠？

木头里，坚硬的木头里，

是你们这些轻柔小东西的夜营地？

请你别忘记：

柳树的梦境里，

我们还不是如今的模样，

我们还没有穿上盛装，

还没有在丝绒和绸缎中绽放，

那时还没有温暖的阳光。

——克里斯蒂安·摩根斯坦

光影的舞蹈和女巫的脸——柳树的众多面孔

—

花季过后，柳树仍不会歇息，因为现在是奋力长叶的时节。黄花柳可以生出多种不同形状的叶子：从长达 10 厘米的狭长细叶，到偏圆形的椭圆形叶片，这些叶子的叶缘略有细齿，上表面泛有灰绿色的光泽，下表面则呈一种毛毡般的灰色。也许你很难通过花序来区分黄花柳和白柳，那么你最好通过观察叶形进行甄别。白柳的叶片修长，形如手术刀，下表面附有银灰色软毛。

柳树树干时常弯曲多疤，树皮呈棕色至灰黑色，有长条状裂纹。

柳树的大家庭中有 400 多位成员，黄花柳只是其中一员。柳树的形态千变万化，既有几厘米高的小型灌木，也有立于河畔、树冠宽阔得能探过河流中线的高达 30 米的遮天巨树。柳树那由诸多枝干和纤细枝条构成的树冠，宽度甚至能超过树高，但它的造型看起来显得呆滞又畸形。柳树以轻捷的姿态拥抱天空，也以同样的姿态深入大地，它们把根深深扎进湿润的泥土中，强韧而坚固。

月光下的白柳叶荧光闪烁，全树如火光般跳跃闪动，状若活物。风中的白柳树风姿摇曳，带来了诱人的光影效果。白柳树像是从里向外透出光芒，又好像有谁在用湿颜料涂抹银绿相间的字符。

辨识度最高的柳属植物当属垂柳，这种有着宽阔树冠和垂拂枝条的植物象征着忧郁。我们还可以将它的枝条剪短到接近主干的地方，如此反复，就是所谓的"打头"。垂柳本来就给人以神秘怪诞之感，"打"过头的垂柳则将这种印象进一步强化，它们激发出人们阴森的想象，让人以为自己看到了诡异的假面和女巫的怪脸。

所有种类的柳树都有一个共同点：它们都有着近乎无穷的生命力。柳树的生存欲望十分强烈，无心插下的柳枝能很快萌芽，即便是被风暴连根拔起，柳树也能从树冠上的枝条生出根来，开始新生。柳

树从不放弃生长，但它的寿命较为短暂，最多到 200 岁时它就会变得瘦削，原本的坚韧、顽强流失殆尽，然后在沼泽地中以和它生长时一样迅猛的速度衰弱、死去。

柳树减轻了全世界的疼痛

—

　　黄花柳是柳树中的异类，区别于其他亲族，即便在干旱的环境下黄花柳也能生存。柳树遍布于整个中欧，其中又以白柳最为多见。另外，在亚洲、北非和南美也有柳树分布。令人吃惊的是，作为一种喜暖、喜光的植物，柳树竟然能承受零下 32℃的低温。因此，我们能在北极地区的边缘地带和海拔 1800 米以上的地方见到它们的踪影。

柳树青睐于宽广、多水的河谷草地，常与杨属和桤木属植物结伴而居，我们的祖先常将其视作受诅咒的不祥之地，因为人类很容易在一望无际的沼泽地中丧命，于是柳树就成了女巫栖身的恶魔之树。在旧时代的巫术信仰中，柳树会带来不幸。话虽如此，至少从公元7世纪起，每逢复活节，教堂里的棕榈枝就少不了柳树花序的装点。

扎成一束的柳条在民间信仰中也有一定的意义。人们将柳条束插进农田，期待它肥沃多产；有时人们也会将它固定在窗边，用于驱逐女巫和恶魔。德语中的"黄花柳"（Sal-Weide）一词源自古高地德语中的"salaha"，后者本身已有"柳树"（Weide）之意。人们又在后面额外加上了"柳"（-weide），以便将它与其他柳类植物区分开。这个名字暗示了黄花柳对动物界的慷慨馈赠，同时也表明它用处广泛。时至今日，柔韧的柳条仍被用来编制篮子和扫帚，同时充当着水利工程中的护岸材料，用来保护脆弱的溪畔坡地。

柳树也为受疼痛折磨的病患送去了福音，灰色的柳树皮含有乙酰水杨酸化合物——后者是制造阿司匹林的原料。

图书在版编目（CIP）数据

不如去看一棵树：26棵平凡之树的非凡故事 /（德）
安德烈斯·哈泽著；（德）帕斯卡利斯·道格里斯绘；
张嘉楠，龚楚麒译 . -- 北京：北京联合出版公司，
2019.10
ISBN 978-7-5596-3612-6

Ⅰ . ①不… Ⅱ . ①安… ②帕… ③张… ④龚… Ⅲ .
①树木—普及读物 Ⅳ . ① S718.4-49

中国版本图书馆 CIP 数据核字 (2019) 第 195355 号

Author and title of the original edition:
Bäume –– Tief verwurzelt by Andreas Hase, Paschalis Dougalis
Copyright © 2018 by Franckh–Kosmos Verlags–GmbH & Co. KG,
Stuttgart, Germany
Chinese language edition arranged through HERCULES Business &
Culture GmbH, Germany

不如去看一棵树：26 棵平凡之树的非凡故事

作　　者：（德）安德烈斯·哈泽
绘　　者：（德）帕斯卡利斯·道格里斯
译　　者：张嘉楠　龚楚麒
责任编辑：昝亚会　夏应鹏
特约编辑：陈胜伟
封面设计：苏　玥
内文排版：刘龄蔓

北京联合出版公司出版
（北京市西城区德外大街 83 号楼 9 层　100088）
北京联合天畅文化传播公司发行
天津光之彩印刷有限公司印刷　新华书店经销
字数 187 千字　880 毫米 ×1230 毫米　1/32　7.5 印张
2019 年 10 月第 1 版　2019 年 10 月第 1 次印刷
ISBN 978-7-5596-3612-6
定价：48.00 元

耕雲

BE YOURSELF
IN
A WORLD